EIN FACH MATHE

Wachstums-funktionen

Erarbeitet von:
Thomas Wessel

Unter Mitarbeit von:
Hans-Peter Anders, Gernot Mahn,
Hans-Joachim Püffke

Schöningh

Bildquellenverzeichnis (Fotos)
S. 5 oben und S. 25: OKAPIA/PR ScienceSource/C. Raymond; S. 12: oben links: Keystone/Volkmar Schulz, unten links: Verlagsarchiv Schöningh/Günter Schlottmann, rechts: picture-alliance/dpa Zentralbild/Patrick Pleul; S. 15: LOKOMOTIV Ateliers für visuelle Kommunikation/Thomas Willemsen; S. 19: Still Pictures/L. Yong; S. 20: ullstein bild – Granger Collection; S. 21: picture-alliance/dpa/Jörg Carstensen; S. 31: Schapowalow/Gollnik; S. 34: picture-alliance/Bildagentur Huber/M. Pignatelli; S. 37: Verlagsarchiv Schöningh; S. 40: links: dpa/Frankfurt, rechts: © Achim Pohl/Das Fotoarchiv; S. 41: oben: P. Landmann/Arenok, Paris; 2. von oben: Forschungsinstitut für Alpine Vorzeit der Universität Innsbruck; 3. von oben: AKG, Berlin; unten: picture-alliance/akg-images/Jürgen Raible

Illustrationen
Matthias Berghahn/Verlagsarchiv Schöningh

Westermann Schroedel Diesterweg Schöningh Winklers GmbH
Braunschweig, Paderborn, Darmstadt

www.schoeningh-schulbuch.de
Schöningh Verlag, Jühenplatz 1–3, 33098 Paderborn

Druck 5 4 3 2 1 / Jahr 2012 11 10 09 08
Die letzte Zahl bezeichnet das Jahr dieses Druckes.

Druck und Bindung: westermann druck GmbH, Braunschweig

ISBN 978-3-14-037318-0

Inhaltsverzeichnis

Wachstumsfunktionen

Wachstumsfunktionen

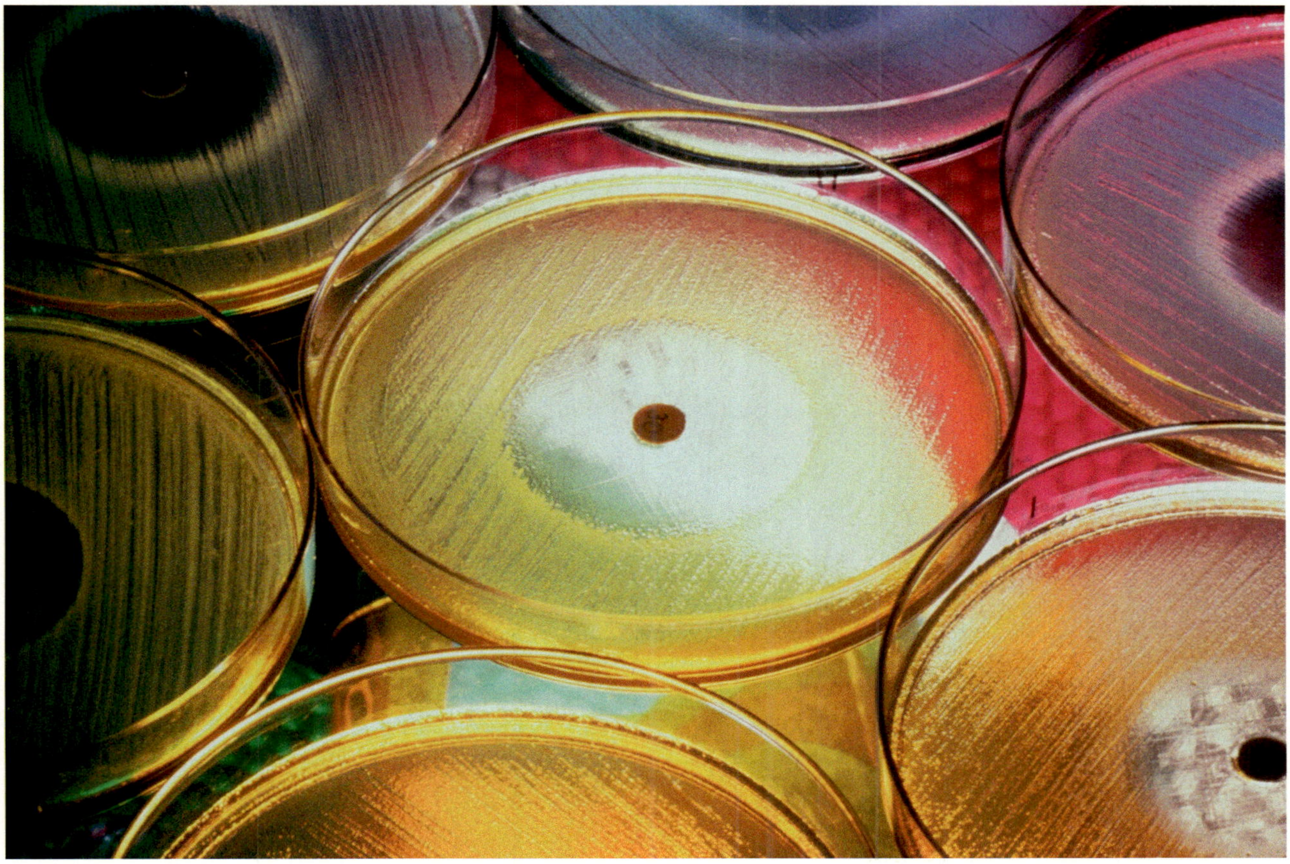

Wachstum

Viele Wachstumsprozesse in der Welt unterliegen den mathematischen Gesetzen, die in diesem Heft vorgestellt werden. So wachsen z. B. Handykosten, die pro Minute abgerechnet werden, linear und Bakterienpopulationen unter idealen Bedingungen exponentiell.
Doch nicht alle Wachstumsprozesse in Natur und Gesellschaft folgen einem mathematischen Modell. Oft spielen so viele Faktoren eine Rolle, dass das Wachstum keinem einheitlichen Gesetz unterliegt. Hier sind einige Beispiele für derartige Wachstumsprozesse:

Beispiel 1:
Die Schülerzahlen der Leonhard-Euler Schule seit 1998

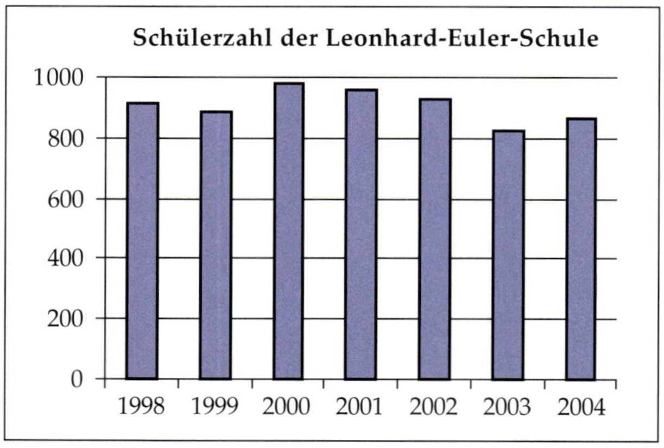

Beispiel 2:
Konsumausgaben privater Haushalte in Deutschland 1985–2005

Jahr	Konsumausgaben in €	Veränderung zum Vorjahr
1985	9200	
1986	9500	300
1987	9800	300
1988	10200	400
1989	10800	600
1990	11300	500
1991	11000	−300
1992	11700	700
1993	12200	500
1994	12700	500

Jahr	Konsumausgaben in €	Veränderung zum Vorjahr
1995	13100	400
1996	13300	200
1997	13600	300
1998	13900	300
1999	14300	400
2000	14800	500
2001	15300	500
2002	15300	0
2003	15500	200
2004	15800	300

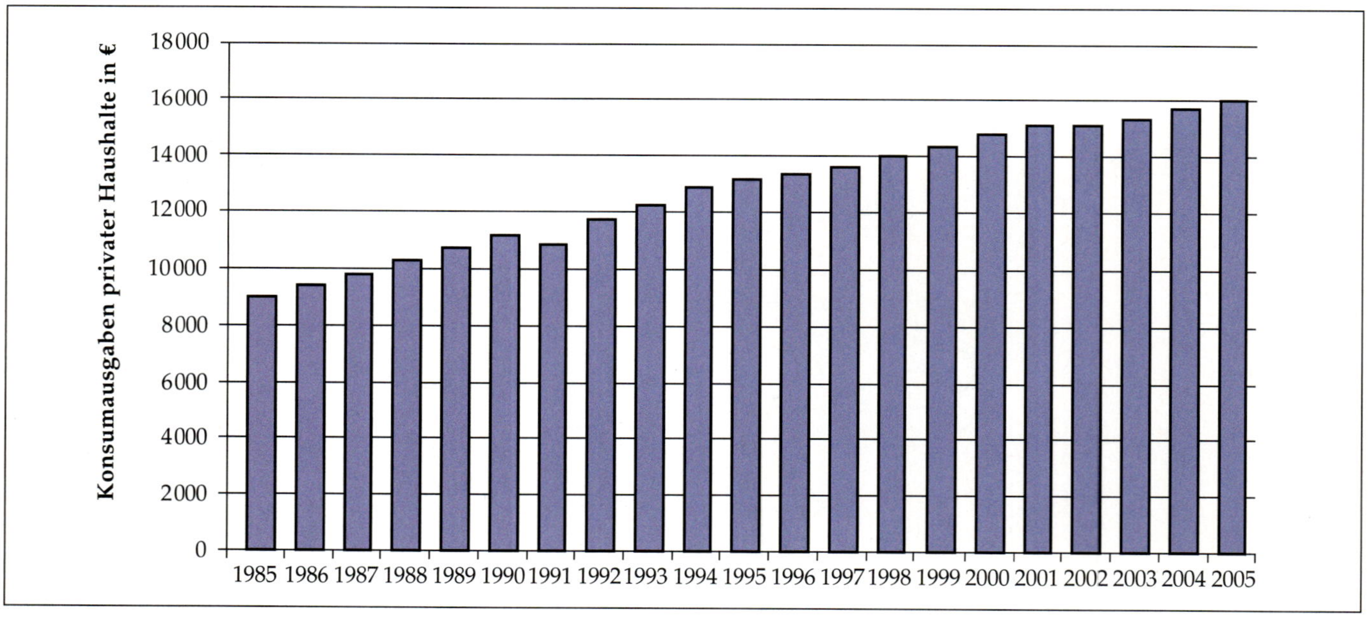

Beispiel 3: Die Entwicklung des Ölpreises seit 1985
(Einige Faktoren, die das Wachstum beeinflussen, sind in der Grafik angegeben)

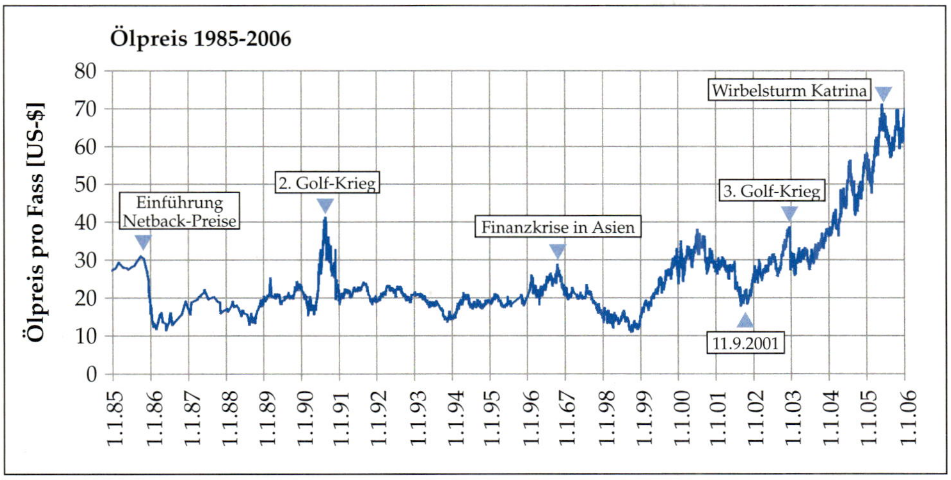

(http://de.wikipedia.org/wiki/Ölfördermaximum#Entwicklung_des_.C3.96lpreises; geprüft: 02.11.2006)

Beispiel 4: Anzahl der Menschen, die durch die Website wikipedia.org täglich erreicht werden (in Millionen)

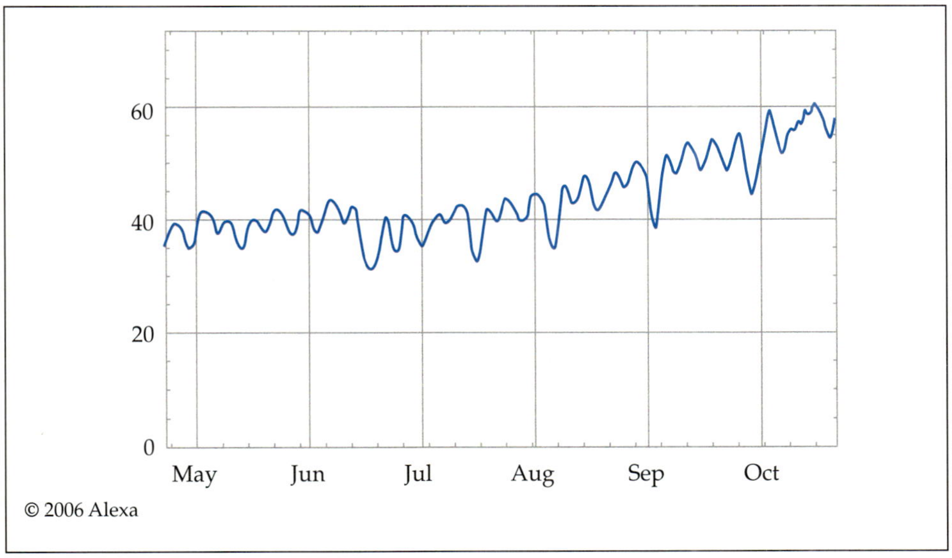

(http://www.alexa.com/data/details/traffic_details?=&range=&size=large&compare_sites=&y=r&url=de.wikipedia.org; geprüft: 24.10.2006)

MEMO

In vielen Fällen hängen Wachstumsprozesse von verschiedenen und voneinander unabhängigen Faktoren ab. Solche Wachstumsprozesse lassen sich zwar gut grafisch darstellen (z. B. mit einer Tabellenkalkulation), man kann sie jedoch nicht einem der mathematischen Wachstumsmodelle zuordnen, wie sie in diesem Heft vorgestellt werden.

1 Lineares Wachstum

Tina ist ein Computerfan. So liest sie Neuigkeiten nicht nur regelmäßig im Internet, sondern auch in Computerzeitschriften. In der Zeitschrift „Computer & Co“ liest sie in einer Ausgabe über ihren Internetprovider G-Online folgenden Artikel:

G-Online mit starkem Zuwachs

München – Der Internetprovider G-Online meldet, dass seine Kundenzahl im Jahr 2006 um 25 000 auf 125 000 gestiegen ist. Der Geschäftsführer von G-Online M. Marks kommentierte die Zahlen wie folgt: „Wir wollen jetzt in jedem Jahr 25 000 neue Kunden gewinnen!“

Tina hat für das Modell des Geschäftsführers von G-Online eine Tabelle vorbereitet; zusätzlich stellt sie das Modell in einem Koordinatensystem dar.

Jahr	Kunden
2005	100 000
2006	125 000
2007	150 000
2008	
2009	
2010	
2011	

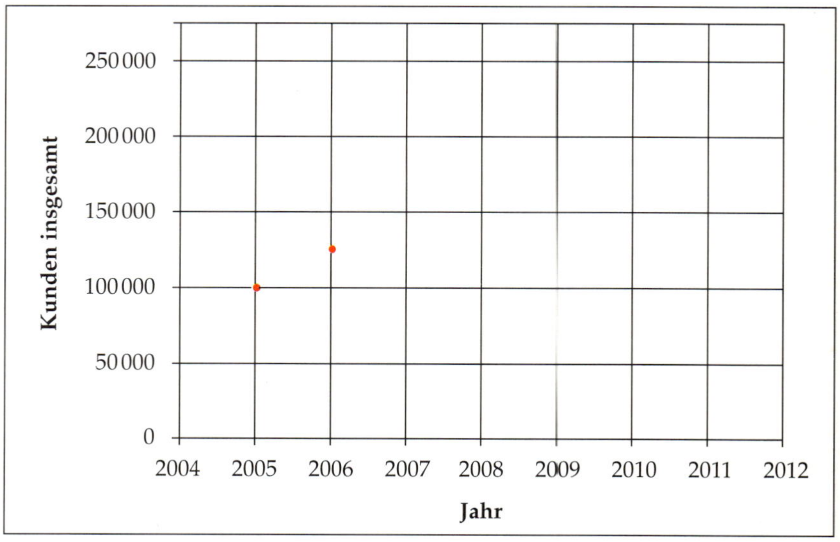

a) Ergänze die fehlenden Kundenzahlen und die zugehörigen Punkte im Koordinatensystem.

b) Wie viele Kunden wird G-Online im Jahr 2015 haben?

c) In welchem Jahr wird G-Online 500 000 Kunden haben?

MEMO

Wenn ein Wert in gleichen (Zeit-)Abständen immer um den gleichen Betrag wächst, nennen wir dies **lineares Wachstum.**

Jahr	(n)	verkaufte PCs (W_n)
2005	0	1 500 000
2006	1	1 600 000
2007	2	1 700 000
2015	10	2 500 000

$= 1\,500\,000 + 10 \cdot 100\,000$
(lineare Zunahme von 100 000 pro Jahr)

Der Wert W_n nach n (Zeit-)Abschnitten wird berechnet mit der Formel:
W_n = Anfangswert + n · Zunahme

Lösungen

a) 2008: 175 000, 2009: 200 000, 2010: 225 000, 2011: 250 000; s. Lösungen S. 42; b) 350 000; c) nach 16 Jahren, also 2021

1 Tinas Internetprovider G-Online verfügt über verschiedene Tarife. Tina hat sich für den nebenstehenden „SPAR-Tarif" entschieden.

Spar-Tarif
Nur **2 Cent** pro Minute!
Nur 5 € Grundgebühr im Monat!

a) Ergänze die Tabelle und zeichne die Werte in das Koordinatensystem.

Minuten	0	250	500	1000	1500	2000	2500	3000
Monatliche Kosten in €	5							

b) Wie viel Euro muss Tina für 20 Stunden Internet im Monat bezahlen?

c) In einem Monat surft Tina mehr als sonst und hat eine Rechnung von 95 € zu bezahlen. Wie viele Stunden bzw. Minuten hat sie gesurft?

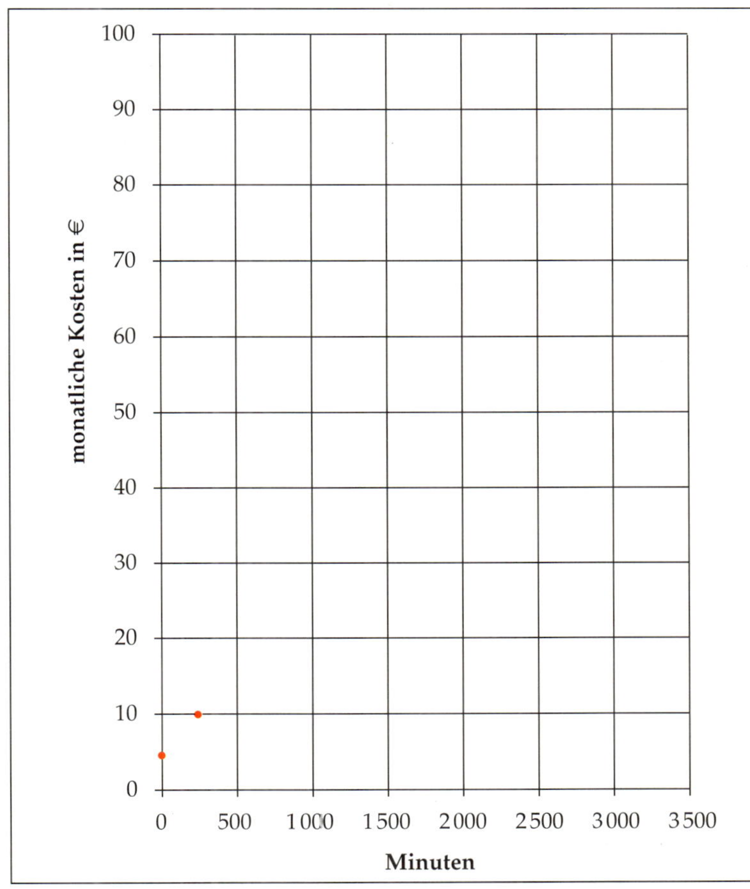

2 Die Computerzeitschrift „Computer & Co" gibt es seit 10 Jahren. Auf der Website der Zeitschrift findet Tina eine Grafik mit den Auflagenzahlen dieser Jahre.

a) Warum liegt hier lineares Wachstum vor?

b) Gib den jährlichen Zuwachs an.

c) Wenn die Entwicklung so weitergeht: Wie viele Leser werden es im Jahr 2008 sein?

d) Wann wird die Zeitschrift 100000 Leser haben?

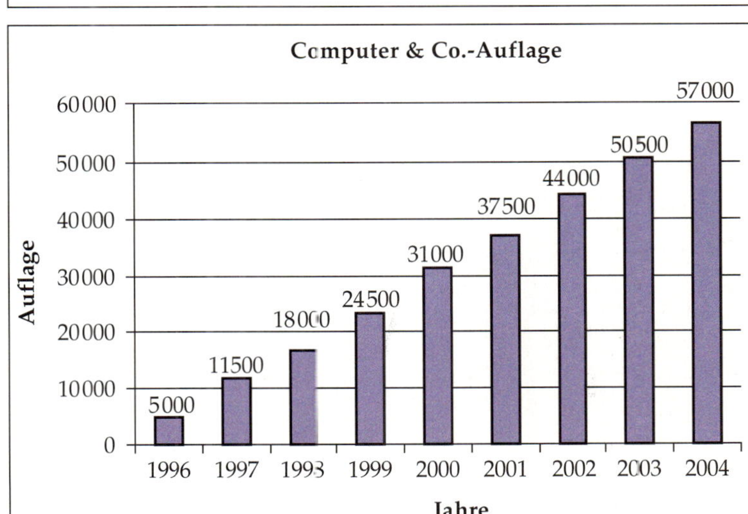

Lösungen

1. a) s. Lösungen S. 42; b) 29 €; c) 4500 Minuten bzw. 75 Stunden; **2.** a) weil die Werte pro Jahr immer mit dem gleichen Betrag von 6500 wachsen; b) 6500; c) 83000; d) im Jahr 2011

Lineare Abnahme

Tina will einen neuen zeitgemäßen Computer kaufen und überlegt, wie viel er kosten darf. Der schnelle Computer ihres Vaters hat 1998 umgerechnet 1900 Euro gekostet. Seitdem sind die Computer immer günstiger geworden. In einer Computerzeitschrift hat Tina gelesen, dass PCs im Schnitt 120 Euro pro Jahr günstiger geworden sind.

Tina hat für die jährliche Abnahme von ____________ eine Tabelle vorbereitet;
zusätzlich stellt sie das Modell in einem Koordinatensystem dar.

Jahr	Durchschnittspreis für einen Computer
1998	1 900
1999	1 780
2000	1 660
2001	
2002	
2003	
2004	

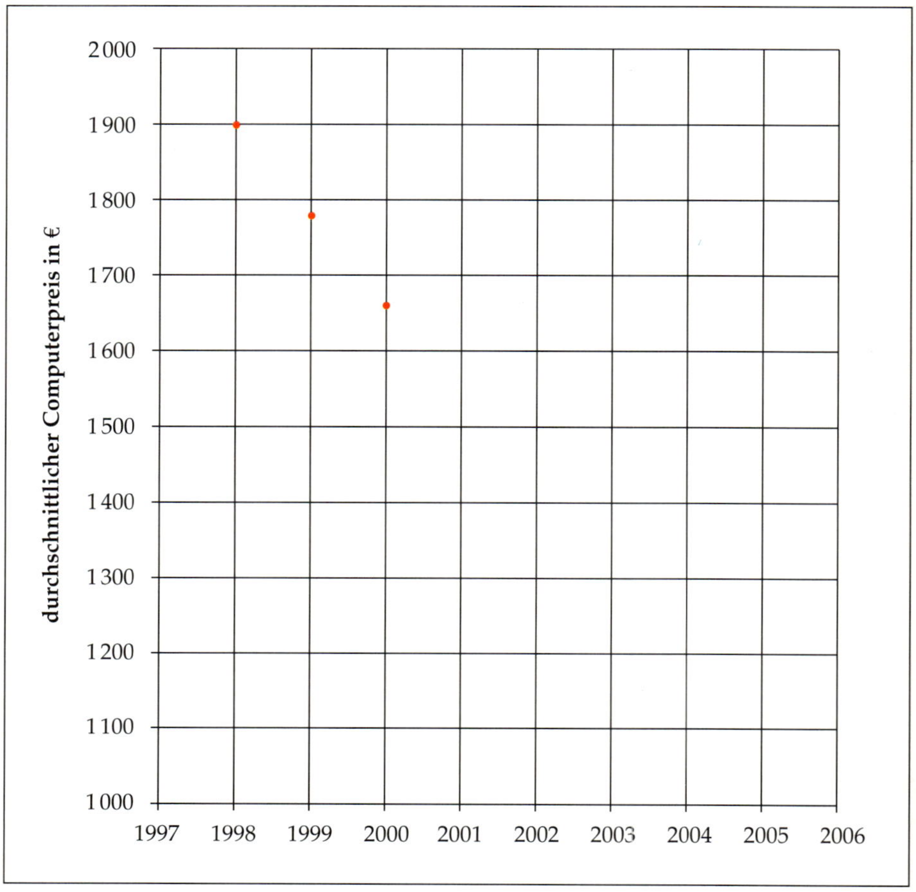

a) Ergänze die fehlenden Preise und die zugehörigen Punkte im Koordinatensystem.

b) Wie viel wird sie heute (2008) für einen Computer bezahlen müssen?

c) Wie teuer wird ein zeitgemäßer Computer im Jahr 2011 sein?

d) Wann würde der Computer 0 € kosten? Diskutiert, ob die Fragestellung realistisch ist.

MEMO

Wenn ein Wert in gleichen Abständen immer um den gleichen Betrag abnimmt, nennen wir dies **lineare Abnahme**.

Jahr	(n)	Internetanschlüsse ohne DSL (W_n)
2000	0	23 Mio.
2001	1	20 Mio.
2002	2	17 Mio.
2005	5	8 Mio.

= 23 Mio. − 5 · 3 Mio.
(lineare Abnahme von 3 Mio. pro Jahr)

Der Wert W_n nach n (Zeit-)Abschnitten wird berechnet mit der Formel:
W_n = Anfangswert − n · Abnahme

Lösungen

120 €; a) 2001: 1 540 €; 2002: 1 420 €; 2003: 1 300 €; 2004: 1 180 €; s. auch Lösungen S. 43; b) Ende 2008: 700 €;
c) 220 €; d) zwischen 2013 und 2014

1 Tinas Vater erzählt ihr, dass er seinen ersten Internetzugang 1997 bekam und damals sehr viel mehr bezahlen musste als heute. So musste er 1997 zwar keine Grundgebühr bezahlen, aber für 1 Minute surfen im Internet verlangte sein Provider umgerechnet 0,15 €. Seitdem ist der Minutenpreis aber 2 Cent pro Jahr billiger geworden.

a) Beantworte Tinas Frage mit Hilfe der Tabelle.

Jahr	1997	1998	1999	2000	2001	2002	2003	2004
Kosten für 20 Std. in €	180	156						

b) Wie viel bezahlst du für deinen Internetzugang? Vergleiche!
Vergleiche auch, wie abgerechnet wird, und erläutere die Unterschiede.

2 Seit 1997 ist Tinas Vater Kunde von P-Online. Während G-Online Kunden gewinnt, verliert P-Online immer mehr Kunden. Die Übersicht zeigt die Entwicklung seit 1997:

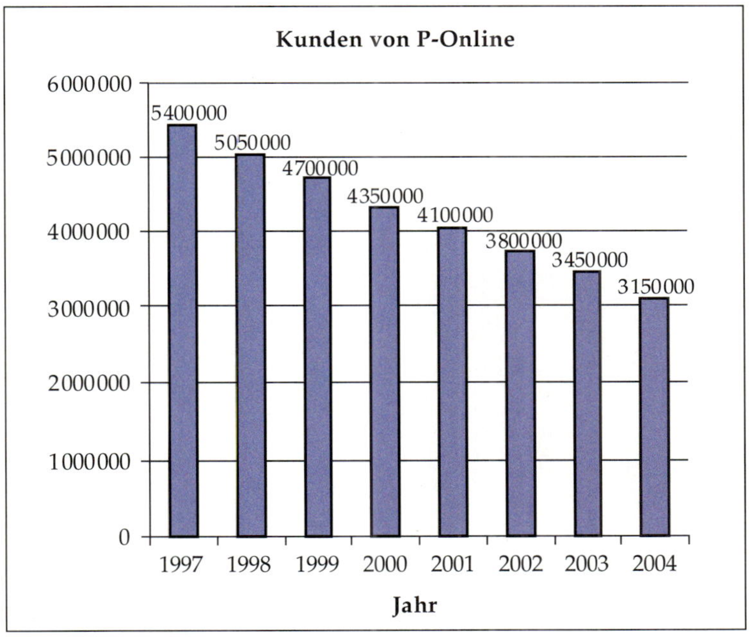

a) In welchem Zeitraum ist die Abnahme linear?

b) Wie viele Kunden verlor P-Online durchschnittlich pro Jahr?

c) Von 2003 nach 2004 verlor P-Online ______________ Kunden.

d) Wann wird P-Online noch 1,5 Millionen Kunden haben? Nimm die letzten 2 Jahre als Grundlage!

Lösungen

1. a) 132; 108; 84; 60; 36; 12; b) Heute wird oft nicht mehr im Minutentakt abgerechnet, sondern es gibt oftmals Pauschaltarife. **2.** a) von 1997 bis 2000 ist die Abnahme linear; b) 321 429; c) 300 000; d) 2010

Übungen

1 Die Preise für Mp3-Player fallen im Schnitt um 10 € pro Quartal.

a) Was wird ein Mp3-Player in einem Jahr kosten, der aktuell mit 99 € ausgezeichnet ist?

b) Wann wird der Mp3-Player, der heute noch 200 € kostet, weniger als 50 € kosten?

2 Jan möchte einen neuen Mobilfunkvertrag abschließen. Er hat zwei Angebote:

(1) *Easyhandy*: 10 Cent pro Minute (rund um die Uhr) und 5 € Grundgebühr im Monat
(2) *Fleximobil*: 15 Cent pro Minute, keine monatliche Grundgebühr

a) Erstelle eine Tabelle von 0 bis 200 Minuten (Schrittweite 20 min) für beide Angebote.

b) Zeichne die Graphen in ein Schaubild. Was fällt dir auf, wenn du den Verlauf beider Graphen vergleichst?

c) Jan telefoniert ca. 180 min im Monat mobil. Welchen Tarif sollte er wählen?

d) Bei wie viel Minuten kosten beide Tarife dasselbe?

3 Der schwerste Mann der Welt war der Amerikaner Jon Brower Minnoeh (1941–1983); er hat im Jahr 1978 635 kg gewogen.

a) Angenommen, er hätte es geschafft, ab 1. Januar 1978 pro Woche 3 kg abzunehmen. Wie schwer wäre er Anfang des Jahres 1981 noch gewesen?

b) Wann hätte er (bei 185 cm Körpergröße) gemäß Body-Mass-Index das Normalgewicht von ca. 89 kg erreicht?

4 Die Statistik zur Website der Online-Enzyklopädie Wikipedia zeigt, dass die „deutschsprachige Wikipedia seit 2004 linear durchschnittlich um 400 Artikel pro Tag" gewachsen ist. Am 24. Oktober 2006 gab es 485 043 Artikel.

a) Wie viele Artikel gab es dann wohl am 24. Oktober 2004?

b) Wenn die Entwicklung so anhält: Wie viele Artikel gibt es dann vermutlich am 24. Oktober 2008? Beachte das Schaltjahr!

Lösungen

1. a) 59 €; b) in 3 Jahren und 6 Monaten; **2.** a), b) s. Lösungen S. 43; c) Easyhandy; d) 100 Minuten; **3.** a) 156 Wochen, 167 kg; b) nach 182 Wochen; **4.** a) 193 043; b) 777 443 (wegen des 29.2.2008)

2 Wachstumsrate – Wachstumsfaktor

Tina ist eine begeisterte *Wikipedianerin*; sie gehört zu denjenigen, die regelmäßig die Online-Enzyklopädie nutzen und auch Artikel dafür verfassen. Auf der Website liest Tina, dass die Anzahl der Wikipedianer, die 10 oder mehr Artikel verfasst haben, zuletzt jährlich um knapp 60 % angewachsen ist. Im Januar 2006 waren ca. 23 000 Wikipedianer registriert.

WIKIPEDIA
Die freie Enzyklopädie

Tina möchte genauer wissen, wie sich die Anzahl dieser „Autoren" entwickeln wird.

a) Jedes Jahr kommen __________ % dazu.

Diesen Prozentsatz nennen wir **Wachstumsrate**!

b) Die Anzahl der Wikipedianer mit mehr als 10 Artikeln wird sich also wie folgt entwickeln:

2006	2007	2008	2009
23 000	36 800		

$\cdot 1{,}6$ $\quad \cdot 1{,}6$ $\quad \cdot 1{,}6$

Diesen Faktor nennen wir den **Wachstumsfaktor**!

c) Bestimme die fehlenden Angaben.

Wachstumsrate		**Wachstumsfaktor**
+ 7 %	100 % + 7 % = 107 %	1,07
		1,12
+ 2,7 %		

Tipp: (1) Bestimme die Anzahl der Wikipedianer für das folgende Jahr in Prozent.
(2) Schreibe den Prozentsatz als Dezimalbruch.

Wachstumsrate		**Wachstumsfaktor**
− 3 %		
− 20 %	100 % − 20 % = 80 %	0,8
− 5,1 %		

MEMO

Wird ein Wachstum durch einen Prozentsatz beschrieben, so berechnen wir den neuen Wert durch Multiplikation des alten Wertes mit dem Wachstumsfaktor q:
Neuer Wert = Alter Wert · Wachstumsfaktor
Wachstumsrate und Wachstumsfaktor berechnen wir wie folgt:

Wachstumsrate:

$$p\,\% = \frac{\text{neuer Wert} - \text{alter Wert}}{\text{alter Wert}} \quad \text{oder } p\,\% = q - 1$$

Wachstumsfaktor:

$$q = \frac{\text{neuer Wert}}{\text{alter Wert}} \quad \text{oder } q = 1 + p\,\%$$

(Beachte: 1 entspricht 100%)

Lösungen

a) 60; b) 58 880, 94 208; c) s. Lösungen S. 44

Übungen

1 Auf der Wikipedia-Website liest Tina weiter, dass die Anzahl der jemals aktiven Wikipedianer von September 2005 bis Oktober 2005 von 19766 auf 20851 angestiegen ist.

a) Wie groß ist die Wachstumsrate?

b) Welcher Wachstumsfaktor ergibt sich?

2 Mitte 2006 ist die Anzahl der neuen Artikel in einem Monat gesunken, nämlich von 627 neuen Artikeln auf 532.

a) Gib die monatliche Wachstumsrate an.

b) Wie lautet der Wachstumsfaktor?

c) Erkläre in eigenen Worten, warum man hier besser von *Abnahmerate* bzw. *Abnahmefaktor* sprechen sollte.

3 Bei Wikipedia wird auch erfasst, wie viele Wikipedianer (in allen Sprachen) 10 oder mehr Artikel verfasst haben (Abbildung 1). Weiterhin findet sich eine Übersicht, wie viele User innerhalb des letzten Monats mindestens 100 Beiträge verfasst haben (Abbildung 2).

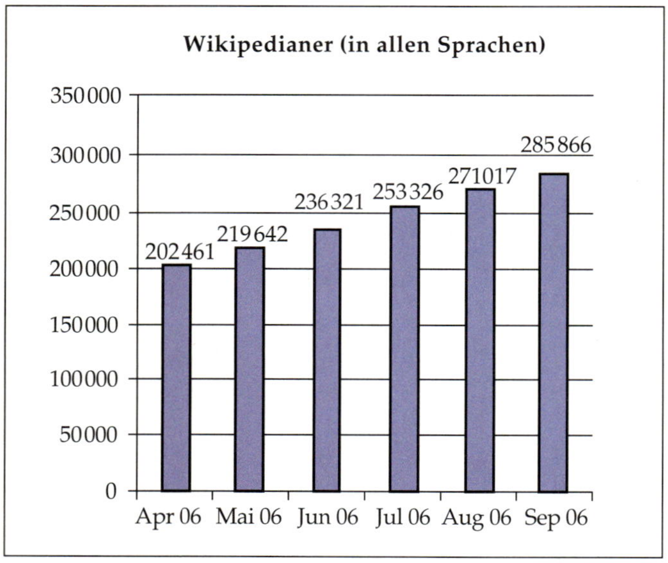

Abbildung 1

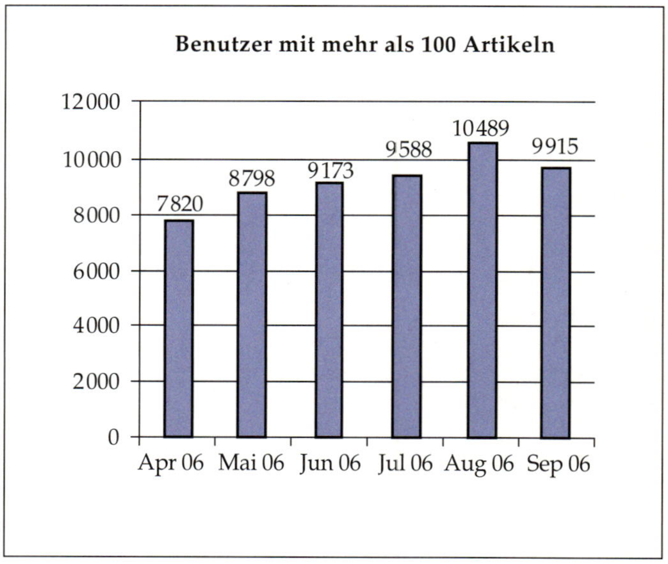

Abbildung 2

a) Bestimme für jeden Monat die Veränderung zum Vormonat mithilfe der Wachstumsrate. Runde auf eine Stelle.

b) Vergleiche die Wachstumsraten. Welcher Unterschied fällt dir auf?

c) Schau unter www.wikipedia.de die aktuelle Entwicklung nach. Vergleiche!

Lösungen

1. a) 5,49%; b) 1 + 0,0549 = 1,0549; **2.** a) − 15,15%; b) 0,8485; **3.** a) Wikipedianer: 1,1; 1,1; 1,1; 1,1; 1,1; Benutzer mit mehr als 100 Artikeln: 1,1; 1,0; 1,0; 1,1; 0,9; b) Die Zahl der Wikipedianer (in allen Sprachen) wächst annähernd mit derselben Wachstumsrate. Die Zahl der User mit mehr als 100 Artikeln nimmt erst zu, dann aber von August bis September ab.

1 Ergänze die Tabelle.

Wachstumsrate		5 %		6 %
Wachstumsfaktor	1		3,5	

Wachstumsrate	– 25 %		17,5 %	
Wachstumsfaktor		0,5		0,76

2 Das Computerspiel *„Be a Superstar"* ist äußerst beliebt und verkauft sich sehr erfolgreich. In der Tabelle sind die Verkaufszahlen der ersten Wochen seit dem Verkaufsstart aufgelistet:

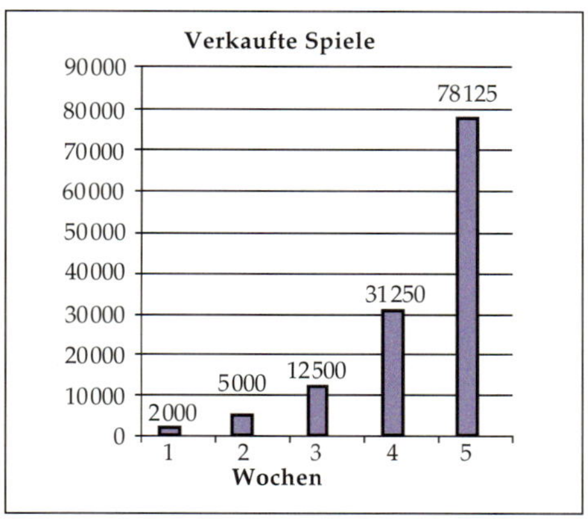

a) Bestimme die Wachstumsrate sowie den Wachstumsfaktor.

b) Bestimme die Zahl der verkauften Spiele nach 12 Wochen.

c) Was meinst du: Können die Verkaufszahlen der ersten Wochen so weiterwachsen?

3 Die Tabelle zeigt die Bevölkerungszahl 2005 in einigen Bundesländern sowie die Veränderung gegenüber 2006. Gib die Werte für 2006 an.

Bundesland	Bevölkerungszahl 2005 (in Tausend)	Veränderung in %
Bayern	12 469	0,2
Brandenburg	2 559	– 0,3
Bremen	663	0
Mecklenburg-Vorpommern	1 707	– 0,7

4 Mit dem Begriff *Abschreibung* wird in Wirtschaftsunternehmen der jeweilige Wertverlust, z. B. von EDV-Anlagen, bezeichnet. Dieser Wertverlust entsteht durch Abnutzung, Alterung, Preisverfall etc.

Anhand der Abschreibung kann die Buchhaltung das Unternehmensvermögen jederzeit nachvollziehen sowie die Abschreibung steuerlich geltend machen. In Deutschland gibt es im Wesentlichen zwei Modelle:
lineare Abschreibung: Der jährliche Abschreibungsbetrag ergibt sich durch Division der Anschaffungskosten durch die Nutzungsdauer.
degressive Abschreibung: Im Anschaffungsjahr wird ein Prozentsatz festgelegt und vom jeweiligen Restwert des Vorjahres abgeschrieben.

Ein Unternehmen kauft eine neue EDV-Anlage für 400 000 € und geht von einer achtjährigen Nutzungsdauer aus.

a) Die Buchhaltung entscheidet sich für die degressive Abschreibung mit einem jährlichen Prozentsatz von 25 %. Bestimme die erste jährliche Abschreibungssumme sowie den Restwert nach 4 Jahren.

b) Wann wird der Restwert erstmals weniger als $\frac{1}{5}$ der Anschaffungskosten betragen?

c) Nach vier Jahren degressiver Abschreibung überlegt das Unternehmen, nun zur linearen Abschreibung zu wechseln. Bestimme den Abschreibungsbetrag im 5. Jahr für beide Modelle. Was könnte für einen Wechsel sprechen?

d) Beschreibe den Unterschied zwischen beiden Abschreibungsmodellen.

Lösungen

1. s. Lösungen S. 44; **2.** a) 2,5, da Wert um immer den gleichen Wachstumsfaktor 2,5 zunimmt; b) 119 209 290; die Zahlen können exponentiell nicht so weiterwachsen, da der Markt für das Spiel irgendwann gesättigt ist; **3.** s. Lösungen S. 44; **4.** a) 400 000 · 0,75 = 300 000 €; 126 562,50 €; b) im 6. Jahr; c) lineare Abschreibung: 50 000 €; degressive Abschreibung: 31 640,63 €; die höhere jährliche Abschreibung spricht für einen Wechsel; d) Bei der linearen Abschreibung bleibt die Abschreibungssumme konstant, bei der degressiven Abschreibung ist die Abschreibungssumme zunächst höher und verringert sich dann jährlich.

3 Exponentielles Wachstum

Tina will einen neuen Handyvertrag abschließen. Um das richtige Handymodell für sich zu finden, informiert sie sich gründlich im Internet und findet dabei eine Übersicht, die die wachsende Zahl der Mobilfunkteilnehmer in Deutschland zeigt:

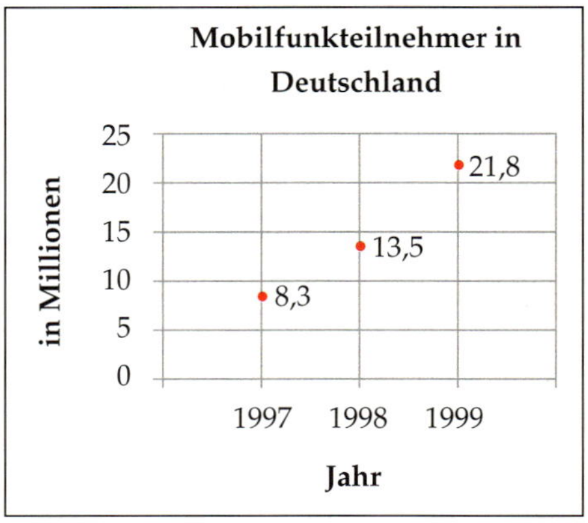

a) Tina sieht sofort, dass dieses Wachstum nicht linear sein kann, denn die Punkte im Koordinatensystem liegen nicht auf einer __________.

b) Tina überlegt, ob es von Jahr zu Jahr einen gemeinsamen Wachstumsfaktor gibt:
von 1997 bis 1998 $\frac{13,5}{8,3} \approx 1,62$;

von 1998 bis 1999 ______ $\approx$ ________

Also wuchs die Zahl der Mobilfunkteilnehmer in Deutschland zwischen 1997 und 1999 jährlich mit einer Wachstumsrate von ________ Prozent.

c) „1999 – das ist ja schon eine Weile her!", denkt Tina. Wenn das so weitergegangen ist, wie viele Mobilfunkteilnehmer gab es dann in den folgenden Jahren in Deutschland?

1997	1998	1999	2000	2001	...	2006
8,3	13,5	21,8				

d) Zwar ist das Wachstum der Werte nicht linear, aber ganz beliebig ist der Zuwachs trotzdem nicht, da der _______________ immer gleich bleibt.

MEMO

Wenn ein Wert in gleichen (Zeit-) Abständen immer mit dem gleichen Wachstumsfaktor wächst, nennen wir dies **exponentielles Wachstum**.

Jahr	(n)	Bevölkerung von Utopia (W_n)
2000	0	70 Mio.
2001	1	71,19 Mio.
2002	2	72,40 Mio.
2008	8	80,11 Mio.

$= 70$ Mio. $\cdot 1,017^8$
(jährliche Wachstumsrate: 1,7 %)

Der Wert W_n nach n (Zeit-)Abschnitten wird berechnet mit der Formel:

$$W_n = \text{Anfangswert} \cdot \underbrace{q \cdot q \cdot \ldots \cdot q}_{\text{n-mal}} = \text{Anfangswert} \cdot q^n$$

q ist der jährliche Wachstumsfaktor

Lösungen

a) Geraden; b) $\frac{21,8}{13,5} \approx 1,62$, 62 %; c) s. Lösungen S. 44; d) Wachstumsfaktor bzw. Wachstumsrate

Exponentielle Abnahme

Bei ihrer Recherche nach den aktuellen Handytarifen findet Tina im Internet Informationen über die Entwicklung der Mobilfunkpreise in Deutschland seit 1997. Mit zunehmender Zahl der Mobilfunkteilnehmer sanken die durchschnittlichen Kosten pro Minute um 12 % im Jahr.

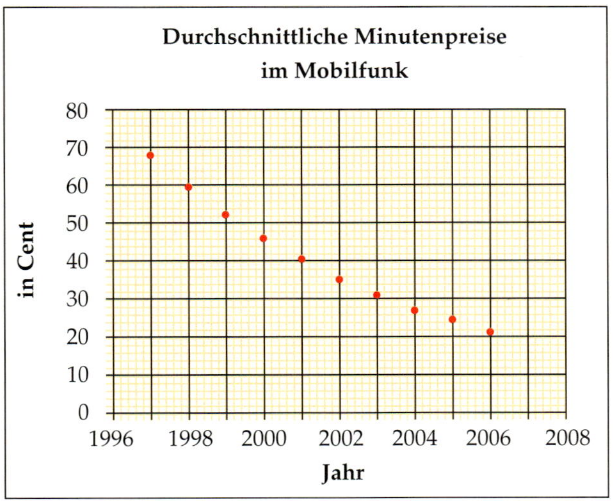

a) Tina sieht sofort, dass dieses Wachstum nicht linear sein kann, denn die Punkte im Koordinatensystem liegen nicht auf einer __________.

b) Die Wachstumsrate beträgt __________, der Wachstumsfaktor ist __________.

c) Erkläre, woran du eine Abnahme erkennst.

d) 1997 hätte Tina noch 68 Cent pro Minute bezahlen müssen, im Jahr 2006 wären es 21,5 Cent gewesen. Wann wird Tina voraussichtlich 10 Cent pro Minute bezahlen?

e) Tinas Freundin Anne meint: „Wenn das so weitergeht, bezahlen wir bald gar nichts mehr, sondern bekommen noch etwas für das Telefonieren!" Tina möchte das überprüfen und rechnet ein paar Jahre weiter. Was stellt sie fest?

MEMO

Wenn ein Wert in gleichen (Zeit-) Abständen immer mit dem gleichen Wachstumsfaktor abnimmt, nennen wir dies **exponentielle Abnahme**.

Jahr	(n)	Bevölkerung von Utopia (W_n)
2000	0	70 Mio.
2001	1	67,90 Mio.
2002	2	65,86 Mio.
2008	8	54,86 Mio.

$= 70 \text{ Mio.} \cdot 0{,}97^8$
(jährliche Wachstumsrate: − 3 %)

Der Wert W_n nach n (Zeit-)Abschnitten wird berechnet mit der Formel:

$$W_n = \text{Anfangswert} \cdot \underbrace{q \cdot q \cdot \ldots\ldots \cdot q}_{\text{n-mal}} = \text{Anfangswert} \cdot q^n$$

q ist der jährliche Wachstumsfaktor

Lösungen

a) Geraden; b) −12 %; 0,88; c) Der Wert nimmt nicht zu, sondern ab. d) im Jahr 2012; e) Zwar wird der durchschnittliche Minutenpreis immer günstiger und nähert sich der 0 an, sinkt aber nie unter 0.

Übungen

1 Die Grafik zeigt eine Übersicht über die Entwicklung von Internetdirektanschlüssen zwischen 2001 und 2003.

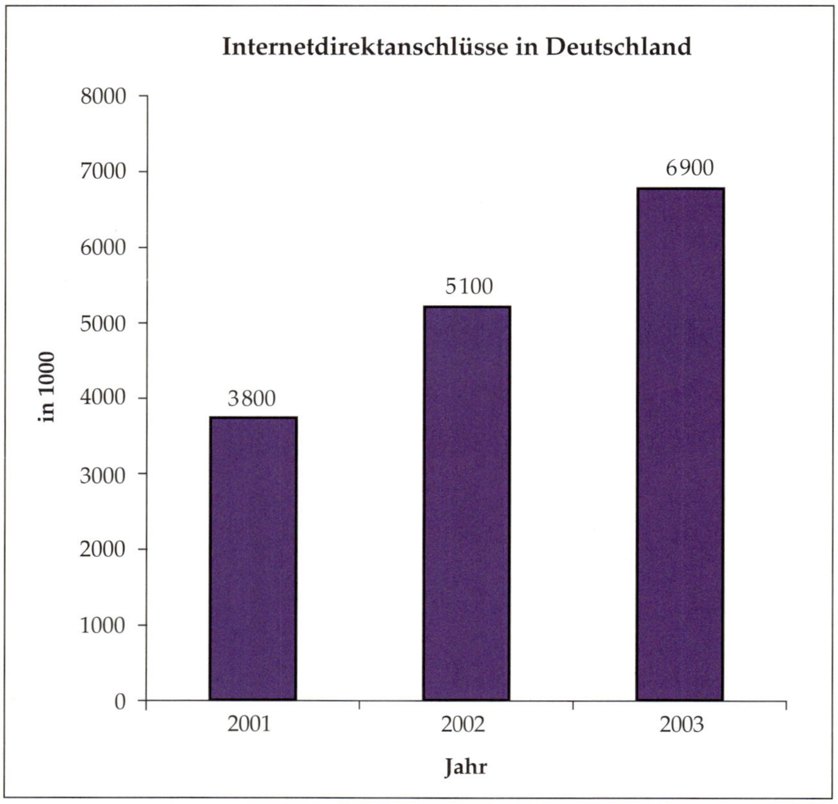

a) Bestimme die Wachstumsrate sowie den Wachstumsfaktor.

b) Begründe: Es handelt sich hier um exponentielles Wachstum.

c) Bei anhaltend gleicher Entwicklung: Wie viele Anschlüsse gibt es wohl 2007?

2 Tina will sich einen neuen Computer kaufen. Um genügend Geld für den Kauf zu haben, überlegt sie sich, ihren alten Computer zu verkaufen. Sie fragt sich, wie viel dieser wohl noch wert ist; im Jahr 1998 hat sie umgerechnet 1 850 € dafür bezahlt. In einem Internetforum hat sie gelesen, dass ein Computer in jedem Jahr 15 % seines Restwerts verliert.

a) Bestimme den Abnahmefaktor.

b) Tina will ihren Computer im Jahr 2008 verkaufen. Welchen Mindestpreis kann sie erwarten?

c) Erkläre anhand der exponentiellen Abnahme, warum der Computer in den ersten Jahren absolut den größten Wertverlust hat.

Lösungen

1. a) 34 % bzw. 35 %, 1,34 bzw. 1,35; b) Der Wachstumsfaktor ist konstant. c) 22 918 Anschlüsse (1,35 zugrunde gelegt); **2.** a) 0,85; b) 364 €; c) Da der prozentuale Anteil der Abnahme konstant bleibt, ist die absolute Abnahme bei einem höheren Ausgangswert entsprechend höher.

Bevölkerungswachstum

1 Mitte 2006 lebten auf der Erde bereits ca. 6,5 Milliarden Menschen und die Bevölkerungszahl steigt weiter. Die jährliche Wachstumsrate liegt bei ca. 1,2 %.

TIPP

Aktuelle Zahlen bzw. eine Weltbevölkerungsuhr findest du im Internet, z. B. bei der Deutschen Stiftung Weltbevölkerung unter www.weltbevoelkerung.de

a) Die Wissenschaft vom Zustand und der Entwicklung einer Bevölkerung – die sogenannte Demographie – erstellt auf der Basis dieser Zahlen Bevölkerungsprojektionen, d. h. man versucht vorherzusagen, wie die Bevölkerungszahlen sich bei gleich bleibender Wachstumsrate entwickeln werden. Erstelle Prognosen für die Zahl der Weltbevölkerung im Jahr 2025 und im Jahr 2050.

b) Um wie viele Menschen wächst die Weltbevölkerung momentan jeden Tag? Um wie viele jede Sekunde?

2 Die Volksrepublik China hatte im Jahr 2005 1 301 518 000 Einwohner. Das Bevölkerungswachstum liegt etwa bei 0,6 %.

a) Trotz Geburtenkontrolle und Ein-Kind-Politik geht man davon aus, dass der Höhepunkt der Entwicklung erst 2030 erreicht wird. Wie viele Bewohner wird China dann voraussichtlich haben?

b) Prognosen sagen voraus, dass China im Jahr 2050 wieder 1 322 435 000 Einwohner haben wird. Um welchen Prozentsatz ist die Bevölkerung dann zurückgegangen?

3 Die Bevölkerungsentwicklung verläuft auf den einzelnen Kontinenten jedoch sehr unterschiedlich. In der Tabelle sind einige demographische Daten für Afrika, Asien und Europa dargestellt.

	2006	Wachstumsrate
Afrika	924 Mio.	2,3 %
Asien	3 968 Mio.	1,2 %
Europa	732 Mio.	−0,1 %

a) Ermittle auf Grundlage der Daten die voraussichtlichen Bevölkerungszahlen in den Jahren 2025 und 2050.

b) Welche Ursachen könnte es für die unterschiedlichen Bevölkerungsentwicklungen geben?

c) Angenommen, die Wachstumsrate sinkt in Afrika um einen Prozentpunkt. Wie verändern sich die Zahlen für 2025 und 2050? Schätze erst, rechne dann!

Lösungen

1. a) 2025: 8,15 Mrd.; 2050: 10,98 Mrd.; b) 2 190 345 pro Tag, ca. 2,5 pro Sekunde; **2.** a) 1 511 470 275; b) 12,5 %;
3. a) s. Lösungen S. 44; b) sozioökonomische Ursachen; c) 2025: 1,107 Mrd., 2050: 1,631 Mrd.

4 Es gibt eine neue Spezies: die Limonadenkäfer. Diese Käfer haben eine besondere Eigenschaft: Jede Minute pflanzen sie sich durch einfache Teilung fort, d. h. jede Minute verdoppelt sich ihre Anzahl. Als die ersten beiden Limonadenkäfer auftauchten, haben sie gegen 11 Uhr beschlossen, eine neue Kolonie in einer Limonadenflasche zu gründen. Wir können davon ausgehen, dass die Limonadenflasche Lebensraum für die Anzahl von Käfern bietet, die bis 12 Uhr entstehen.

a) Was meinst du: Wann werden die ersten Limonadenkäfer wohl ein Platzproblem feststellen?

b) Um 11.58 Uhr entsteht bei einer Versammlung der Limonadenkäfer ein Tumult, da ein Streit die Käfer in zwei Lager teilt:

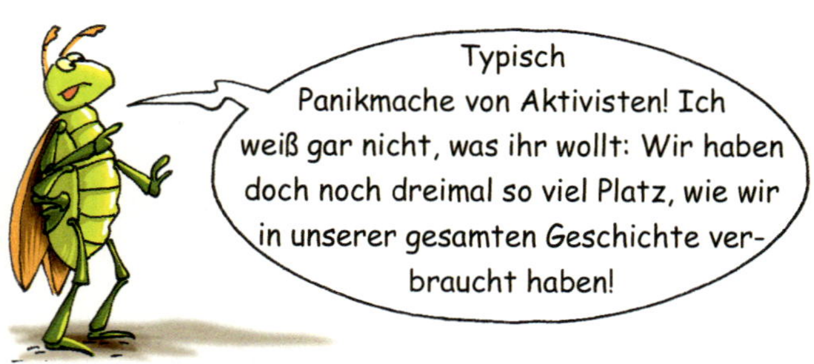

Welche Position ist im Recht? Welcher Meinung schließt du dich an?

c) Um 12 Uhr ist die Limonadenflasche voller Käfer. Aber die Kolonie hat Glück: Man findet gleich in der Nachbarschaft drei weitere Limonadenflaschen. Wie viel Zeit haben die Limonadenkäfer, bis ihnen wieder der Platz ausgeht?

5 Thomas Robert Malthus (1766–1834) war ein britischer Ökonom und Sozialforscher. Er veröffentlichte seine Bevölkerungstheorie 1798 in seinem Buch *Essay on the Principle of Population*. Seine Kernthese lautet: „Die Bevölkerung wächst exponentiell, die Nahrungsmittelproduktion jedoch nur linear, da das Ackerland begrenzt ist und sich das Pflanzenwachstum nicht beliebig steigern lässt. Die Konsequenz werden Hungerepidemien sein."

a) Der Kontinent Atlantis hat 500 Millionen Einwohner und die Bevölkerung wächst um 2,3 %. Atlantis ist in der Lage, Nahrungsmittel für 600 Millionen Einwohner zu produzieren und diese Produktion jährlich um Lebensmittel für 50 Millionen Einwohner zu steigern. Überprüfe, ob Malthus in diesem Fall mit seiner Prognose Recht hat.

TIPP

Eine Tabellenkalkulation kann dir helfen!

b) Formuliere in eigenen Worten, warum ein ungebremstes Bevölkerungswachstum für die Menschheit problematisch sein kann.

Lösungen

4. a) wohl nicht vor 11.58 Uhr; b) Beide Aussagen stimmen. Aussage 2 hat jedoch die Konsequenzen der Entwicklung nicht im Blick und unterschätzt das exponentielle Wachstum. c) genau zwei Minuten; **5.** a) s. Lösungen S. 45; nach 110 Jahren ist Gleichstand zwischen den Einwohnern und den Lebensmitteln für die Einwohner erreicht. Danach gibt es zu wenige Lebensmittel für alle Einwohner;

6 „Kann man mit einem DIN-A4-Blatt Papier den Mond erreichen?"
Wohl kaum, wirst du wahrscheinlich sofort denken. Es geht aber doch – theoretisch zumindest: Du musst das Blatt nur oft genug in der Mitte falten!

a) Bevor du rechnest, schätze zunächst: Wie oft müsstest du ein solches DIN-A4-Blatt (ca. 1 mm dick) falten, damit es so dick ist, dass es den Mond berührt? (Die Entfernung Erde – Mond beträgt ca. 380 000 km und 1 mm entspricht 0,000001 km.)

b) Der Wachstumsfaktor ist in diesem Fall 2, da das Blatt, wenn du es faltest, jeweils doppelt so dick wird. Wie oft musst du also ein DIN-A4-Blatt „theoretisch" falten, bis es den Mond berührt? Berechne.

c) Vergleiche mit deiner Schätzung!

7

Tina schaut jeden Tag eine bestimmte Daily Soap an, auch auf der zugehörigen Website surft sie regelmäßig. Dort liest sie eines Tages, dass die Sendung in diesem Monat 12,5 % ihrer Stammzuschauer in der wichtigen Zielgruppe 14–29 Jahre verloren hat. Bis zum letzten Monat hatten 2,65 Millionen Zuschauer dieser Zielgruppe das Geschehen regelmäßig verfolgt.

a)

Monate	Zuschauer
0	2,65
1	2,65 · 0,875
2	...

Wenn der Zuschauerschwund so weitergeht: Wie viele Zuschauer wird die Daily Soap in 12 Monaten dann nur noch haben?
Erkläre und verwende die Tabelle!

b) In der Fanzeitschrift liest Tina erschrocken, dass der Programmdirektor des Senders Folgendes verlautbaren ließ: „Wenn nicht mal mehr eine Million Zuschauer der Zielgruppe die Daily Soap anschauen, dann wird die Sendung eingestellt!" Wann muss Tina bei gleich bleibender Entwicklung der Zahlen befürchten, dass die Sendung eingestellt wird?

c) Die Produktionsfirma der Soap hat eine andere Idee, um die Soap noch zu retten: Sie engagiert sofort einen neuen Hauptdarsteller. Er kann den Rückgang der Zuschauerzahlen zunächst auch verhindern: In den ersten zwei Monaten nach seinem Engagement steigt die Zuschauerzahl in der Zielgruppe um jeweils 2,5 % an. Retten kann er die Soap jedoch nicht mehr, denn ab dem 3. Monat kehren 8 % der restlichen Zuschauer der Zielgruppe nun monatlich der Soap den Rücken. Wie lange kann die Sendung mit ihrem neuen Hauptdarsteller noch im Programm überleben?

Lösungen

6. b) 38-mal; **7.** a) s. Lösungen S. 45; b) nach ungefähr 7 Monaten; c) ab dem 3. Monat ca. 1 Jahr

8 Die Zahl der Schülerinnen und Schüler ohne Internetanschluss an Tinas Schule ist im letzten Monat von 110 auf 88 gesunken.

a) Bestimme die Abnahmerate.

b) Wie lautet der Abnahmefaktor?

9 Von dem Medikament „ADOLOR“ werden bei einem erwachsenen Menschen pro Stunde 35 % abgebaut. Ein Patient bekommt von diesem Medikament 250 mg gespritzt.

a) Bestimme den Abnahmefaktor.

b) Wie viel Prozent der verabreichten Menge sind nach 4 Stunden noch im Körper des Patienten vorhanden?

c) Ist die Menge des Medikaments im Körper unter 20 mg gesunken, wirkt es nicht mehr. Nach wie vielen Stunden ist dies der Fall?

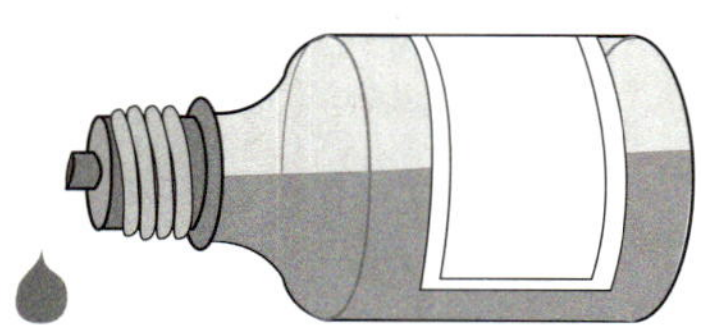

10 In der Medizin werden zur Diagnose von z. B. Knochenbrüchen Röntgenstrahlen verwendet. Da diese in höheren Dosen jedoch auch schädlich sein können, werden Körperregionen, die nicht untersucht werden sollen, durch Bleiplatten abgeschirmt. Für diese Bleiplatten gilt: Pro 1 mm Dicke nimmt die Röntgenstrahlung, die durchdringt, um ca. 5 % ab.

a) Wie viel Prozent der Röntgenstrahlung dringt bei einer 5 mm dicken Bleiplatte noch durch?

b) Tim behauptet: „100 geteilt durch 5 sind 20. Das heißt, wenn die Bleiplatte 20 mm dick ist, kommt keinerlei Röntgenstrahlung mehr durch!“ Beurteile Tims Behauptung.

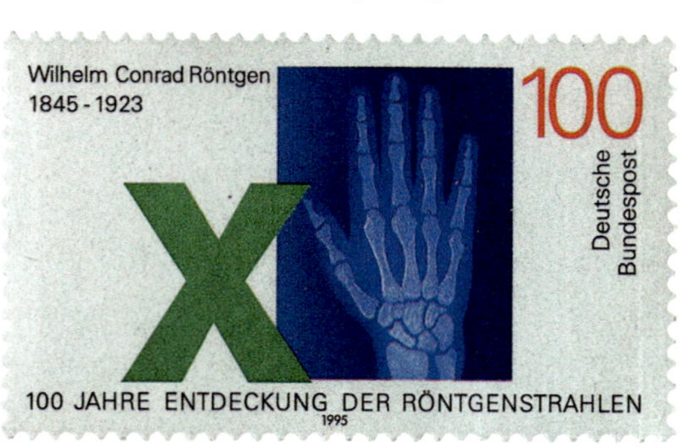

11 In Tinas Klasse ist ein Gerücht über ein neues Klassenpärchen im Umlauf. Tinas Freundin Anne hat davon aus „gut unterrichteten Kreisen“ unter dem Siegel der Verschwiegenheit :-) am Sonntag erfahren und es am Montag natürlich sofort Tina weitererzählt. Trotz aller Geheimhaltungsschwüre tratscht jeder, der das Gerücht hört, es an jedem darauffolgenden Tag an eine andere Person aus der Klasse, die das Gerücht noch nicht kennt, weiter.

Tag	Wer kennt das Gerücht?
Sonntag	Anne
Montag	Anne, Tina
Dienstag	Anne, Tina, Tom, Claudia
usw.	

a) In Tinas Klasse sind 32 Schülerinnen und Schüler. Wann kennt jeder (einschließlich des Pärchens selbst) das Gerücht?

b) Wann kennt die ganze Schule das Gerücht (ca. 1 000 Schüler)?

c) Leider hat es das Klassenpärchen nur 6 Wochen lang gegeben. Wenn die Ausbreitung des Gerüchts in gleicher Weise fortgesetzt wurde: Hat in dieser Zeit schon die ganze Welt (6 Milliarden Menschen) davon erfahren?

Lösungen

8. a) −20 % b) 0,8; **9.** a) 0,65; b) 17,85 %; c) nach 5,86, also fast 6 Stunden; **10.** a) ca. 77 %; b) Tim verwechselt lineare und exponentielle Abnahme; **11.** a) Am Freitag kennen alle das Gerücht. b) nach kaum 10 Tagen; c) am 33. Tag wüsste jeder Erdenbürger Bescheid

Die Legende vom Schachspiel

Der (ein wenig veränderten) Legende nach soll das Schachspiel in Indien von einem Weisen namens Sessa Ebn Daher für seinen Herrscher Sheram erfunden worden sein. Der Herrscher soll so begeistert von dem Spiel gewesen sein, dass er dem Erfinder jeden Wunsch erfüllen wollte. Der Weise bot dem Herrscher zwei auf den ersten Blick bescheidene Wunsch-Möglichkeiten an:

Möglichkeit 1: Er möchte 100 Reiskörner auf das erste Feld des Schachbretts und je 100 Reiskörner mehr auf die restlichen 63 Felder des Schachbretts haben.

Möglichkeit 2: Er möchte auf das erste Feld ein Reiskorn, auf das zweite Feld zwei Reiskörner, auf das dritte Feld vier Reiskörner und immer so weiter bis zum 64. Feld.

Möglichkeit 1:

100	200	300	400	500	600	700	800

Summe: ______

Möglichkeit 2:

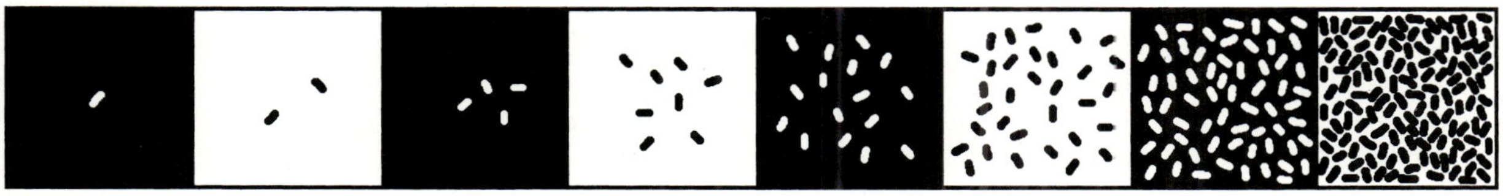

Summe: ______

a) Damit der Weise nicht noch einen anderen Wunsch äußern konnte, überlegte der Herrscher rasch für die erste Reihe auf dem Schachbrett (8 Felder), für welche der beiden Möglichkeiten er sich entscheiden sollte, um mit möglichst wenigen Reiskörnern auszukommen. Zu welchem Ergebnis kam er?

b) Berechne für beide Möglichkeiten die Anzahl der Reiskörner auf dem 64. Feld.

c) 1 Reiskorn hat ein Gewicht von 0,0003 kg. Wie viele Tonnen Reis liegen auf dem 64. Feld? Vergleiche das mit dem jährlichen Pro-Kopf-Verbrauch an Reis in Deutschland (recherchiere im Internet!).

d) Was musste der Herrscher feststellen, als er die Reiskörner für den Weisen holen lassen wollte? (Tipp: Recherchiere im Internet, wie groß die Weltjahresproduktion an Reis ist.)

e) Erkläre den Denkfehler, den Sheram gemacht hat.

f) Für Möglichkeit 2: Zeige, dass für die Gesamtzahl der Reiskörner auf den ersten fünf Feldern die Formel gilt: $2^n - 1$
Bestimme damit auch die Menge aller Reiskörner auf dem Schachbrett bei Möglichkeit 2.

Lösungen

a) Möglichkeit 1: 3600 Reiskörner; Möglichkeit 2: 255 Reiskörner; b) Möglichkeit 1: 6400; Möglichkeit 2: 2^{63} = 9 223 372 036 854 775 808; c) 2 767 011 611 056,43 Tonnen; in Europa liegt der Pro-Kopf-Verbrauch bei etwa 10 kg Reis im Jahr; d) Der Herrscher kann dem Weisen den Reis nicht geben, da die Weltjahresproduktion nur 615 Mio. Tonnen beträgt; er bräuchte aber fast 4500-mal diese Menge! e) Er hat das exponentielle Wachstum unterschätzt. Durch den Wachstumsfaktor wächst eine Ausgangsgröße zwar am Anfang schwach, später jedoch immer schneller. f) Für die ersten fünf Felder gilt: $1 + 2 + 4 + 8 + 16 = 31 = 32 - 1 = 2^5 - 1$; Gesamtzahl aller Reiskörner: 18 446 744 073 709 600 000

4 Exponentialfunktionen

Heute hat Tina Biologieunterricht. Dort lernt ihre Klasse eine Bakterienart kennen, die ihre Anzahl pro Stunde verdoppelt! In einer sogenannten Petrischale bedecken die Bakterien zu Beginn der Beobachtung eine Fläche von 1 cm^2. Der Biologielehrer möchte, dass die Klasse für einen Zeitraum von drei Stunden vor Beobachtungsbeginn bis drei Stunden nach Beobachtungsbeginn das Wachstum der durch die Bakterien bedeckten Fläche mit einer Funktion berechnet und mit einem Funktionsgraphen darstellt.

a) Tina weiß natürlich sofort, dass ein solches Wachstum ______________________ ist.

b) Tina überlegt: Die Anzahl der Bakterien _______________ sich jede Stunde, also ist der Wachstumsfaktor _______________. Deshalb lautet die Funktionsvorschrift $y = 1 \cdot \_\_\_^x$.

c) Bestimme die Funktionswerte und zeichne den Graphen.

x	y =
−3	
−2,5	
−2	
−1,5	
−1	
−0,5	
0	
0,5	
1	
1,5	
2	
2,5	
3	

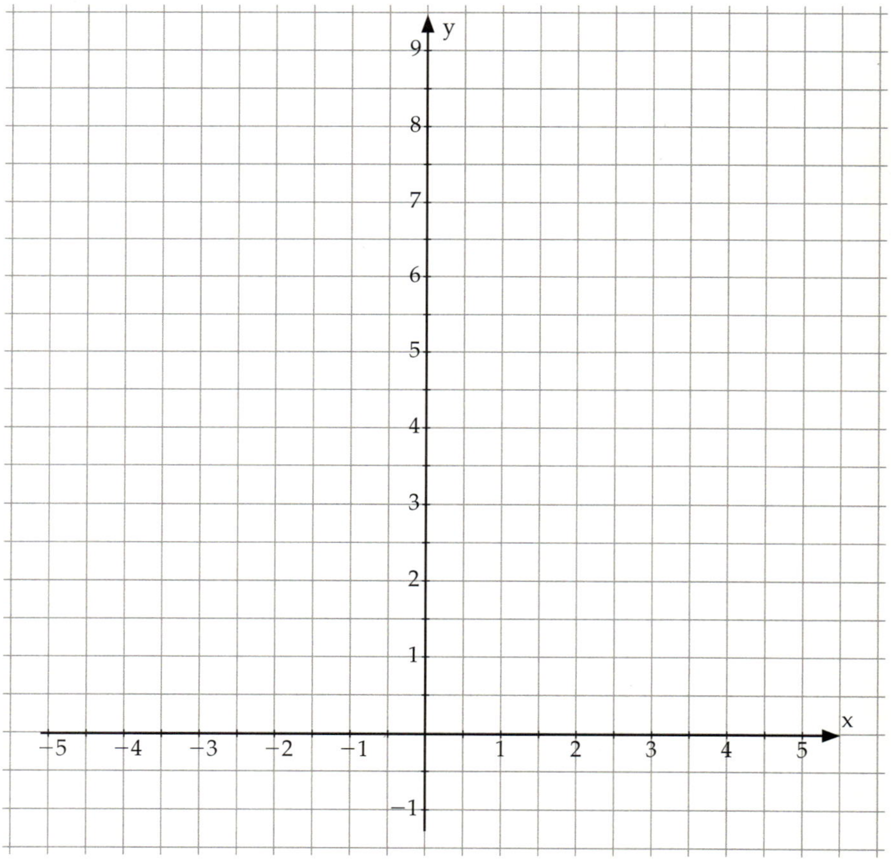

Lösungen

a) exponentiell; b) verdoppelt; 2; $y = 1 \cdot 2^x$; c) s. Lösungen S. 49

In der nächsten Biologiestunde hat der Lehrer wiederum eine Bakterienkultur mitgebracht, die in einer Petrischale eine Fläche von 1 cm^2 bedeckt. Zu diesen Bakterien hat der Lehrer jedoch ein Antibiotikum hinzugegeben, das jede Stunde die Hälfte der vorhandenen Bakterien abtötet.

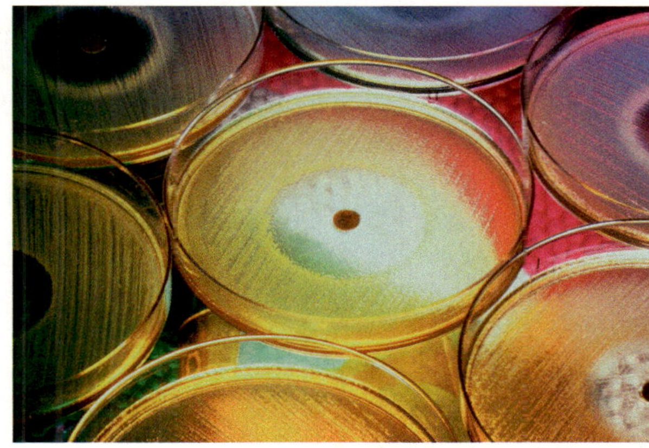

d) Da in jeder Stunde die Hälfte der vorhandenen Bakterien abgetötet wird, weiß Tina auch hier, dass es sich um eine ________________ Abnahme handelt.

e) Tina überlegt: Dass sich die Bakterienzahl stündlich halbiert, bedeutet: geteilt durch __________. Der Abnahmefaktor ist also __________. Deshalb lautet die Funktionsvorschrift $y = 1 \cdot \_\_\_^{x}$.

f) Bestimme die Funktionswerte und zeichne den Graphen.

x	y =
−3	
−2,5	
−2	
−1,5	
−1	
−0,5	
0	
0,5	
1	
1,5	
2	
2,5	
3	

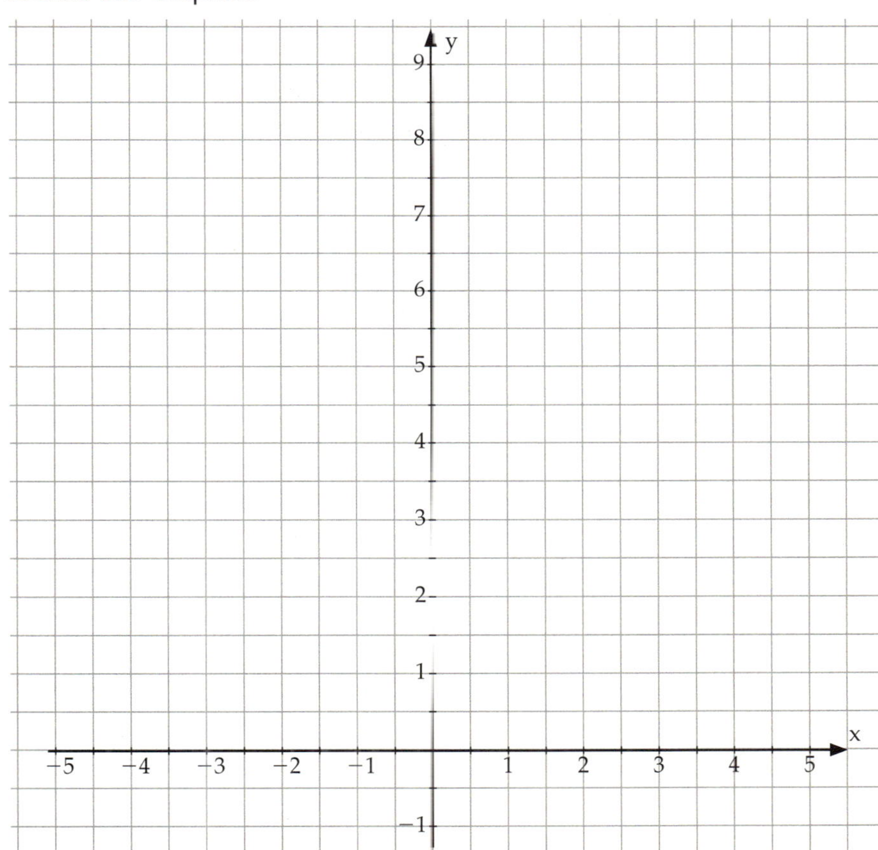

Lösungen

d) exponentielle; e) 2, $\frac{1}{2}$, $y = 1 \cdot (\frac{1}{2})^x$; f) s. Lösungen S. 46

g) Tinas Mathematiklehrerin bindet die Kenntnisse der Klasse aus der Biologie in ihren Unterricht ein. Sie bittet die Klasse, die beiden Funktionen $y = 2^x$ und $y = \left(\frac{1}{2}\right)^x$ gemeinsam in ein Koordinatensystem zu zeichnen und Gemeinsamkeiten sowie Unterschiede abzulesen.

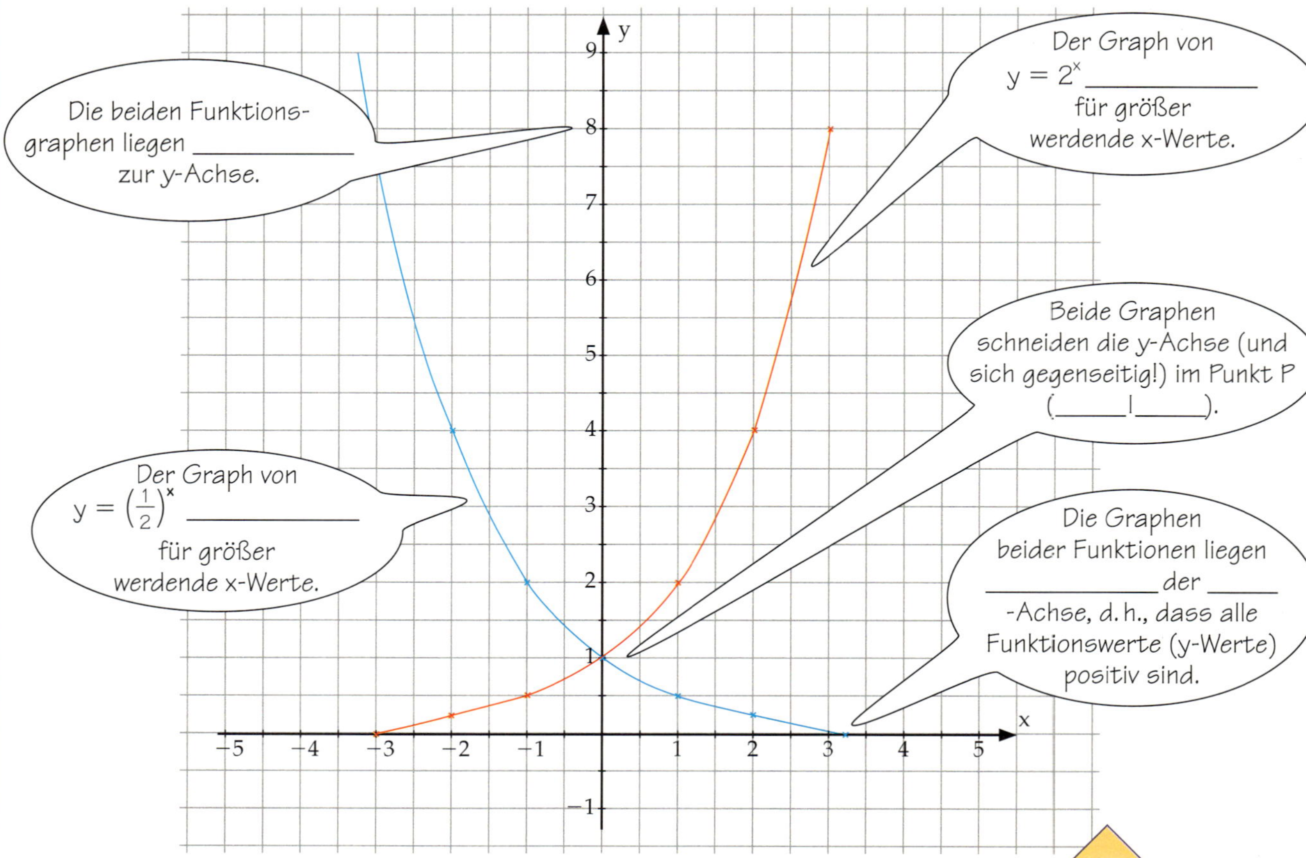

MEMO

Eine Funktion mit der Funktionsvorschrift $y = b^x$ ($b > 0$, $b \neq 1$) heißt **Exponentialfunktion zur Basis b**.

Für diese Exponentialfunktionen gilt:

- Die Graphen steigen für $b > 1$,
- sie fallen für $b < 1$,
- sie verlaufen durch den Punkt (0|1),
- sie schmiegen sich an die x-Achse an, ohne diese zu schneiden.

Die Funktionswerte liegen im positiven Bereich. Wenn der x-Wert um 1 wächst, wird der Funktionswert mit b multipliziert.

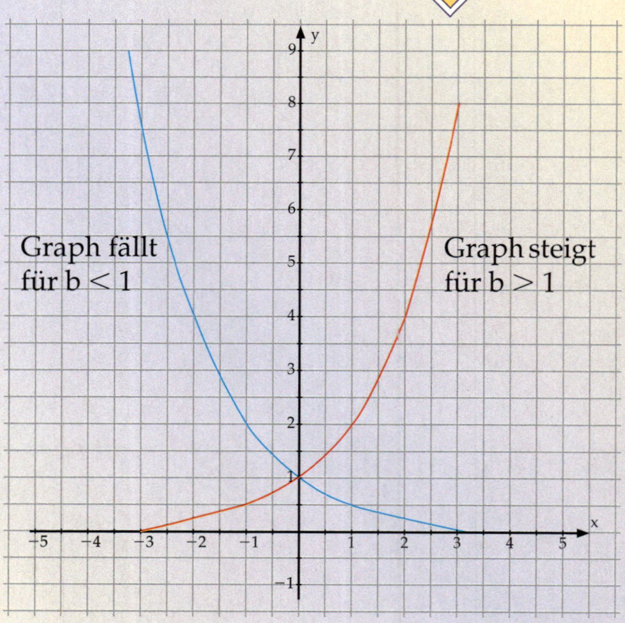

Lösungen

g) s. Lösungen S. 47

1 a) Zeichne in das Koordinatensystem die folgenden Funktionen ein.
Fertige dazu zunächst jeweils eine Wertetabelle an.

x-Werte	$y = \left(\frac{3}{2}\right)^x$	$y = \left(\frac{2}{3}\right)^x$	$y = 3^x$	$y = \left(\frac{1}{3}\right)^x$
−3				
−2				
−1				
0				
1				
2				
3				

b) Schau dir die Funktionen genau an. Welche Gemeinsamkeiten und Unterschiede haben sie? Was kann über die Steigung der Funktionen ausgesagt werden?

c) Überlege: Welches Steigungsverhalten wird die Funktion $y = 6^x$ haben? Was ergibt sich daraus für die Steigung von $y = \left(\frac{1}{6}\right)^x$?

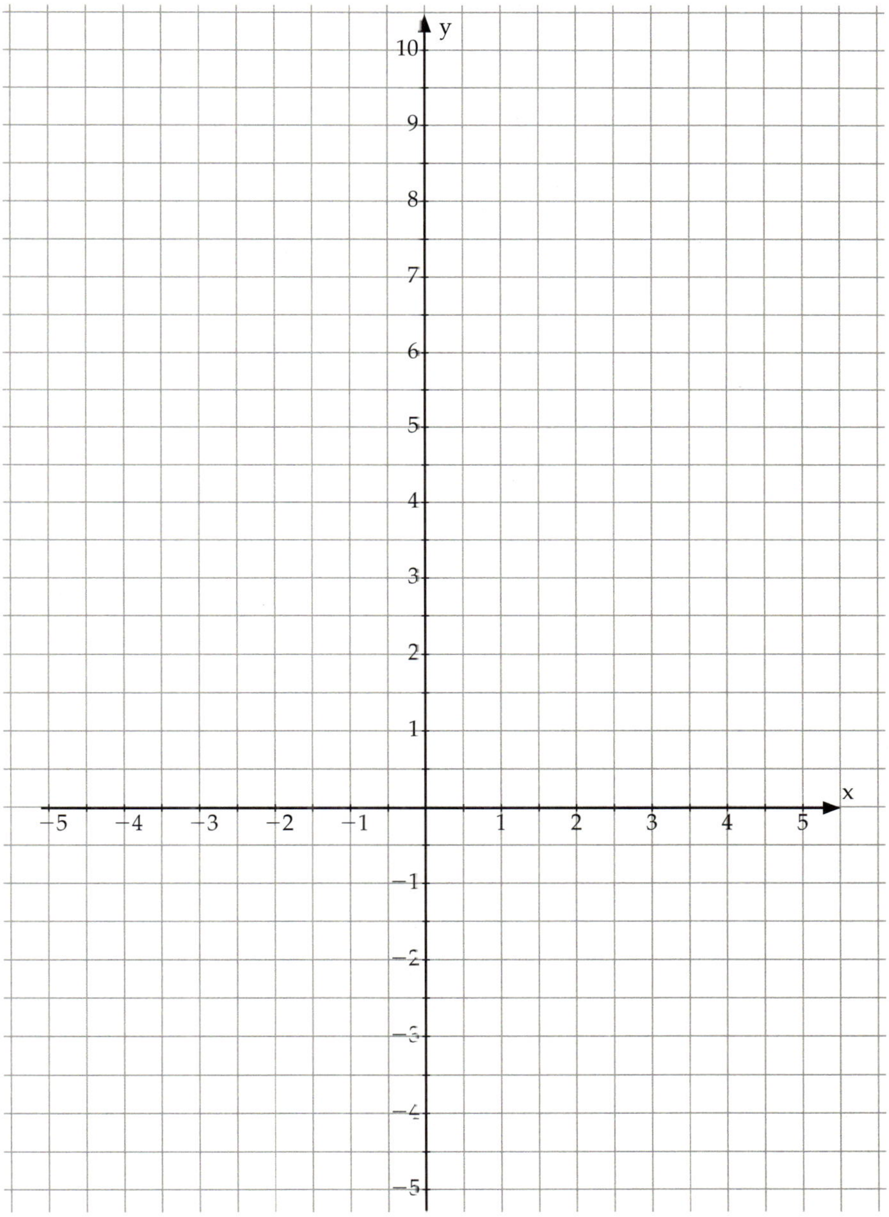

Lösungen

s. Lösungen S. 48

2 In das Koordinatensystem sind fünf Funktionen eingezeichnet. Ordne den Funktionsgraphen Funktionsvorschriften zu. Mache dir dabei bewusst, nach welchen Kriterien du entscheidest.

$y = 4^x$

$y = \left(\frac{1}{4}\right)^x$

$y = \left(\frac{1}{2}\right)^x$

$y = 1{,}5^x$

$y = \left(\frac{3}{4}\right)^x$

$y = 10^x$

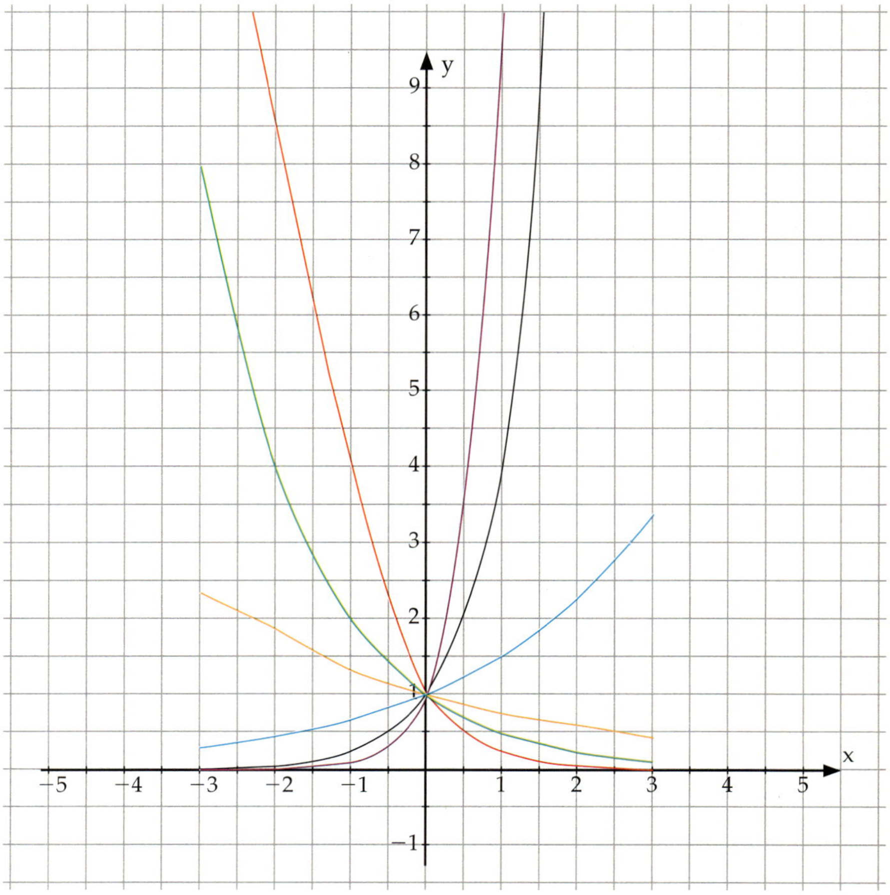

= ______________________ roter Funktionsgraph

= ______________________ grüner Funktionsgraph

= ______________________ blauer Funktionsgraph

= ______________________ gelber Funktionsgraph

= ______________________ schwarzer Funktionsgraph

= ______________________ violetter Funktionsgraph

3 Zeichne die Graphen für $y = 2^x + 1{,}5$ und $y = 2^{-x} - 1$ in das Koordinatensystem ein.
Beschreibe in eigenen Worten, wie die Funktionsgraphen aus $y = 2^x$ entstehen.

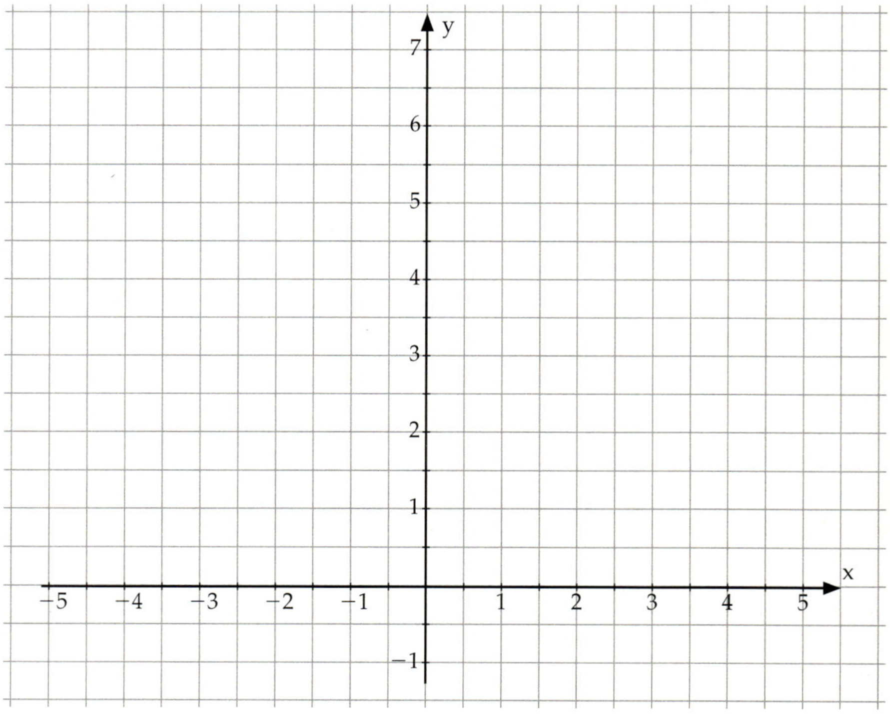

Lösungen

s. Lösungen S. 49

Exponentialfunktionen vom Typ $y = a \cdot b^x$ $(a > 0, b > 0, b \neq 1)$

In der nächsten Biologiestunde zeigt der Lehrer der Klasse zum Vergleich eine andere Bakterienart, die in der Petrischale eine Fläche von 2,5 cm² bedeckt. Auch diese Bakterienart schafft es, sich in einer Stunde zu verdoppeln.

a) Auch hier ist es Tina sofort klar, dass es sich um ______________________ Wachstum handelt.

b) Für diese Bakterienart möchte der Biologielehrer ebenfalls, dass die Klasse für einen Zeitraum von drei Stunden vor Beobachtungsbeginn bis drei Stunden nach Beobachtungsbeginn das Wachstum der durch die Bakterienkultur bedeckten Fläche mit einer Funktion und einem Funktionsgraphen darstellt. Tina überlegt, wie die Funktionsvorschrift lauten könnte. Der Wachstumsfaktor ist hier wiederum ________, aber zu Beginn der Beobachtung ist bereits eine Fläche von 2,5 cm² bedeckt.

Nach 1 Stunde sind also ________ · ________ = ________ bedeckt.

Nach 2 Stunden sind demnach 2,5 · ________^{2} = ________ bedeckt.

Dann muss die Funktionsvorschrift y = ________ · ________^{x} lauten.

c) Tina erstellt wiederum zunächst eine Wertetabelle und zeichnet anschließend die Graphen in das Koordinatensystem ein.

x	y =
−3	
−2,5	
−2	
−1,5	
−1	
−0,5	
0	
0,5	
1	
1,5	
2	
2,5	
3	

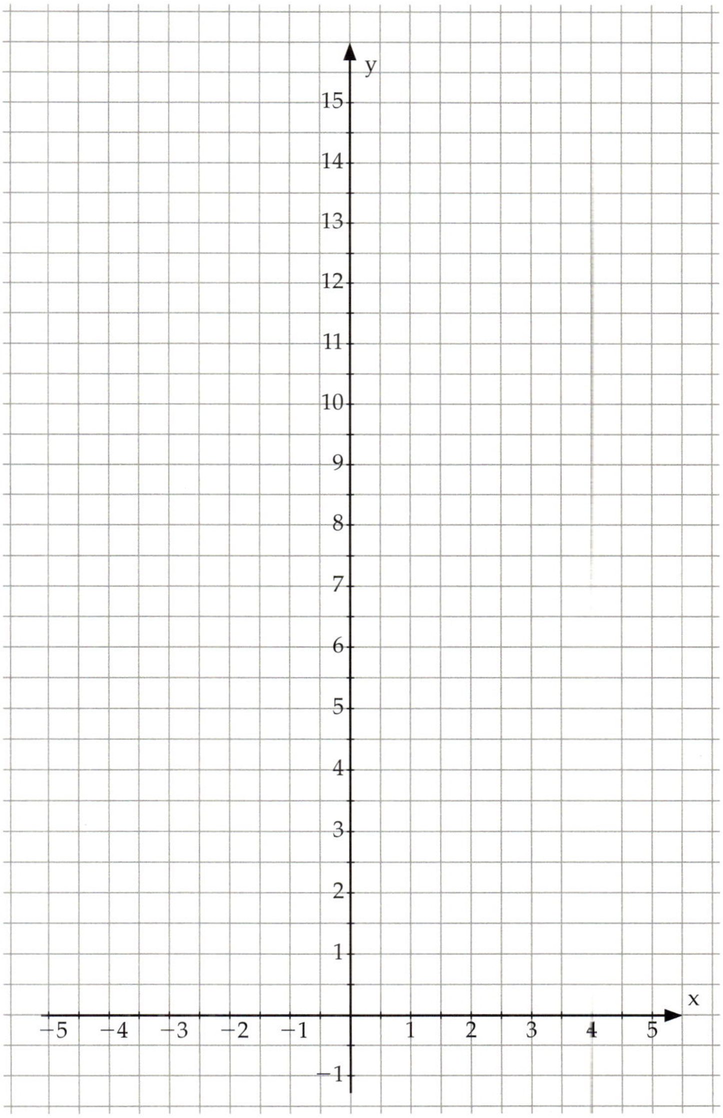

Lösungen

a) exponentielles; b) 2; 2,5 cm² · 2¹ = 5 cm²; 2,5 cm² · 2² = 10 cm²; 2,5 · 2ˣ; c) s. Lösungen S. 50

d) Die Mathematiklehrerin bittet die Klasse, sich die Funktion zu Hause doch noch mal genauer anzuschauen. Als Tipp gibt sie der Klasse: „Zeichnet doch $y = 2^x$ in dasselbe Koordinatensystem ein. Dann könnt ihr mehr erkennen!" Tina zeichnet $y = 2^x$ zusätzlich in das Koordinatensystem und stellt fest:

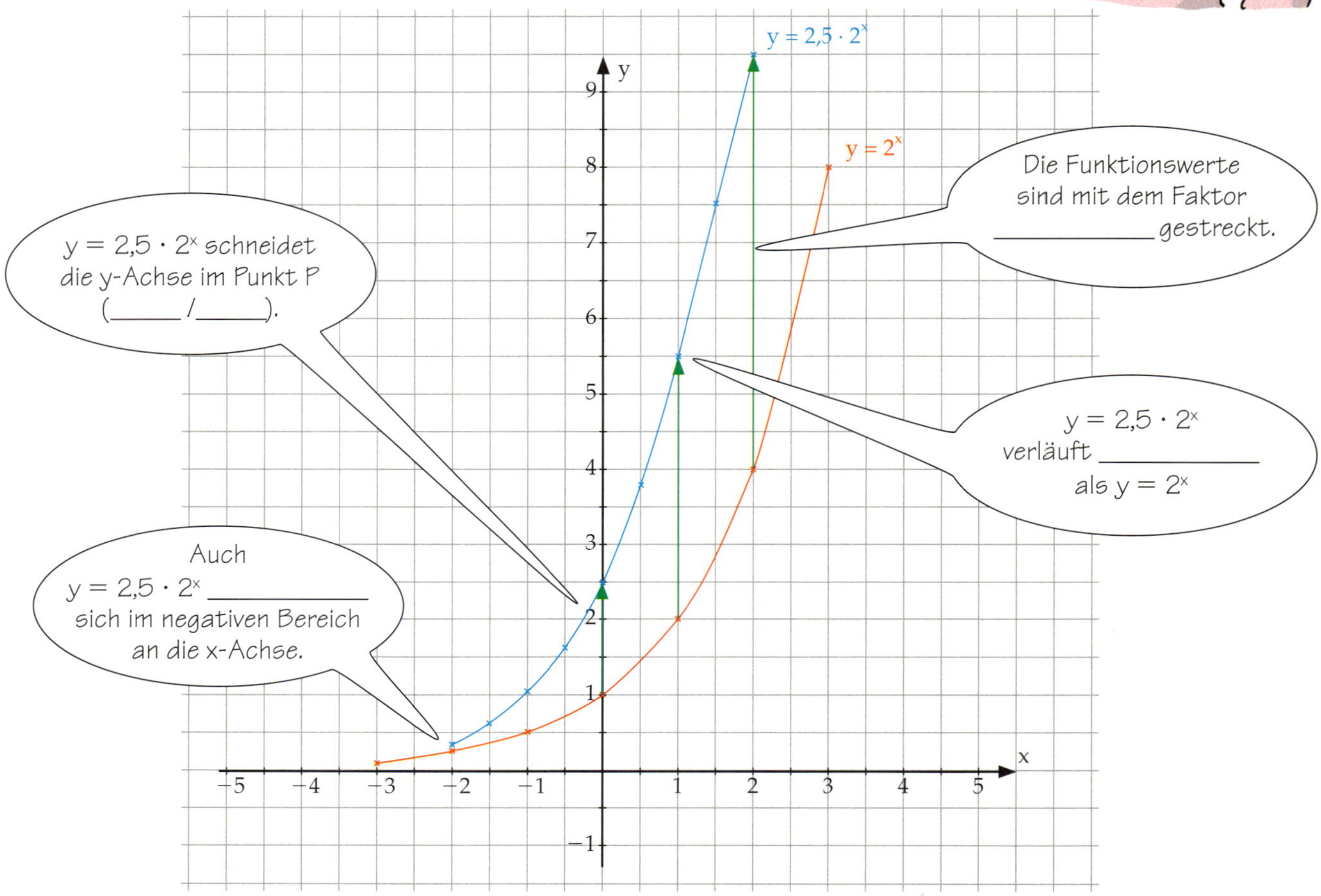

e) Tina überlegt weiter: Was ist eigentlich, wenn die erste Zahl in der Funktionsgleichung kleiner als 1 ist?

MEMO

Eine Funktion mit der Funktionsvorschrift $y = a \cdot b^x$ ($a > 0$, $b > 0$, $b \neq 1$) heißt **Exponentialfunktion zur Basis b**. Der Graph von $y = a \cdot b^x$ geht aus dem Graphen von $y = b^x$ durch Streckung parallel zur y-Achse mit dem Faktor a hervor. Ist $a < 1$, spricht man von einer Stauchung.
Die Funktion $y = a \cdot b^x$ verläuft durch den Punkt $(0 \mid a)$.

Lösungen

d) s. Lösungen S. 51; e) Dann wird der Graph gestaucht, d. h. er verläuft flacher als $y = 2^x$

1 Zeichne die Graphen der folgenden Exponentialfunktionen in ein Koordinatensystem und beschreibe deren Eigenschaften:

a) $y = \frac{1}{4} \cdot 3^x$ b) $y = 5 \cdot \left(\frac{1}{3}\right)^x$

2 Ordne folgende Funktionsgleichungen den passenden Funktionsgraphen zu. Beschreibe in deinen Worten, wie du vorgehst.

$y = 2{,}5 \cdot 2{,}5^x$ $y = 1{,}5 \cdot 2{,}5^x$

$y = 2{,}5^x$ $y = 3 \cdot \left(\frac{1}{4}\right)^x$ $y = \frac{1}{4} \cdot \left(\frac{1}{4}\right)^x$

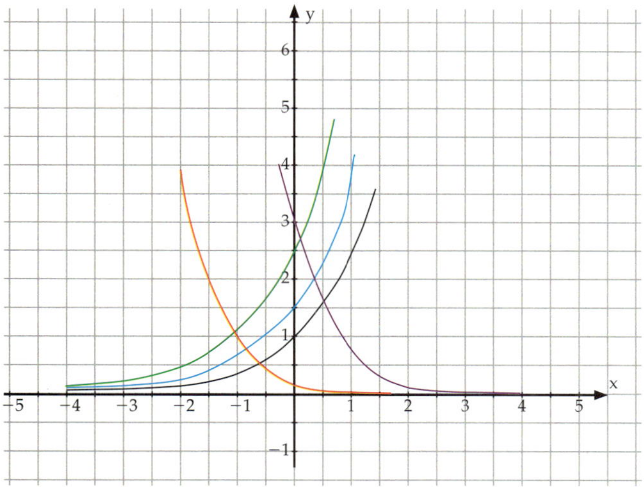

roter Funktionsgraph = ____________

grüner Funktionsgraph = ____________

blauer Funktionsgraph = ____________

schwarzer Funktionsgraph = ____________

violetter Funktionsgraph = ____________

3 Zeichne die Graphen für $y = \frac{1}{4} \cdot \left(\frac{3}{4}\right)^x$ und $y = \frac{3}{2} \cdot \left(\frac{3}{4}\right)^x$. Erkläre an drei von dir ausgewählten Punkten die Streckung in y-Richtung.

4 Das Deutsche Institut für Normung e. V. (DIN) hat 1922 in der DIN-Norm 476 verbindliche Papierformate festgelegt. Ein DIN-A0-Bogen hat einen Flächeninhalt von 1 m^2 bzw. 100 dm^2.
Bestimme den jeweiligen Flächeninhalt für die Formate A1 bis A8.

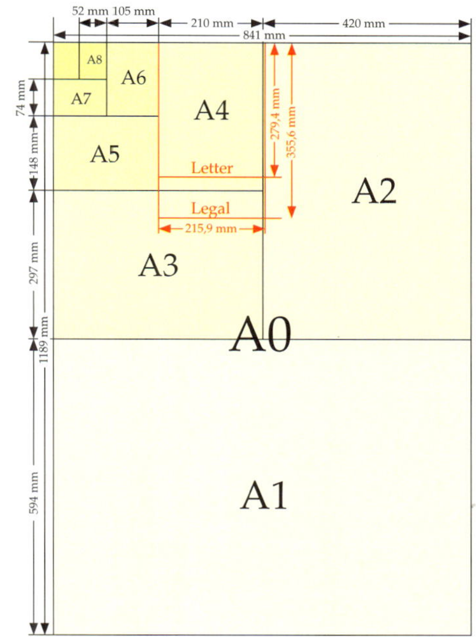

5 Bei der chemischen Analyse der Wasserqualität eines Badesees wird von einer bestimmten Chemikalie eine Konzentration von 12 mg pro Liter Wasser gemessen. Pro Woche nimmt die Konzentration um 8,5 % ab.

a) Bestimme die Vorschrift einer Exponentialfunktion und zeichne die Funktion in ein Koordinatensystem (für einen Zeitraum von 10 Wochen).

b) Zeige anhand der Funktionsvorschrift bzw. anhand des Graphen, dass die Konzentration abnimmt.

c) Lies am Graphen ab, wann sich die Konzentration halbiert hat.

d) Die Badesaison beginnt vier Wochen nach der Messung. Der Grenzwert für die Chemikalie beträgt 8 mg pro Liter. Wann darf in dem See gebadet werden?

Lösungen

1., 2., 3., 5. s. Lösungen S. 21–23; **4.** A1: 0,5 m^2, A2: 0,25 m^2, A3: 0,125 m^2, A4: 0,0625 m^2, A5: 0,03125 m^2, A6: 0,015625 m^2, A7: 0,0078125 m^2, A8: 0,00390625 m^2

5 Die Zinseszinsformel

Tina möchte im kommenden Jahr ihren Führerschein machen und überlegt, wie sie ihn finanzieren soll. Sie denkt, dass sie 1 200 € benötigen wird. Zu ihrer großen Freude erfährt sie von ihren Eltern, dass ihre Großeltern bei Tinas Geburt ein Konto mit 400 € zu 5 % Zinsen pro Jahr angelegt haben, das zu Tinas 18. Geburtstag verfügbar sein wird.

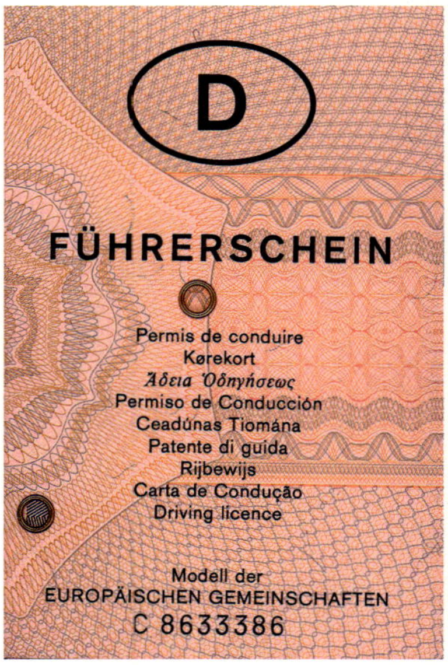

Jahr	p %	q	Kapital
0	5	1,05	$400 \cdot 1{,}05 = 420$
1	5	1,05	$420 \cdot 1{,}05 = 441$
⋮			

a) Tina überlegt:
„400 € haben meine Großeltern bei meiner Geburt als Kapital angelegt.
Das Kapital wächst um _________ % jährlich, dann ist der Wachstumsfaktor _________. Also sind an meinem 18. Geburtstag mit Zinseszins insgesamt _________ · _________ — = _________ fällig!"

b) Wie viel muss Tina für ihren Führerschein also noch sparen?

c) Wie sieht die finanzielle Lage für Tina aus, wenn sie ihren Führerschein zwei Jahre später macht?

d) Welchen Betrag hätten die Großeltern anlegen müssen, damit das Geld für den Führerschein mit 18 gereicht hätte?

MEMO

Wird ein Kapital mit einem Zinssatz von p% pro Jahr angelegt, dann berechnet sich das Kapital K_n nach n Jahren (mit Zins und Zinseszins) wie folgt:

Jahr	(n)	Kapital (K_n)
1990	0	1000 €
1991	1	1070 €
1992	2	1144,90 €
2005	15	2759,03 €

$= 1000 \cdot 1{,}07^{15}$
(jährlicher Zinssatz: 7 %)

$$K_n = K \cdot (1 + p\%)^n$$

Mithilfe des Wachstumsfaktors gilt:

$$K_n = K \cdot q^n$$

Lösungen

a) 5 %; 1,05; $400 \cdot 1{,}05^{18} = 962{,}65$; b) 237 €; c) 1 061,32 €; d) ca. 500 € (genau 498,62 €)

1 a) Tina stellt überrascht fest, dass sie in den 18 Jahren mehr Zinsen – nämlich 532,65 € – bekommen hat, als Kapital von ihren Großeltern zu ihrer Geburt eingezahlt worden ist. Sie fragt sich, wie lange es gedauert hat, genauso viele Zinsen zu bekommen, wie Kapital einbezahlt wurde.
Wie lange musste Tina mit den angelegten 400 € zu 5 % warten, bis sich das Kapital verdoppelt hatte?

b) Tinas Freundin Anne meint, dass das natürlich umso länger dauert, je mehr Kapital zu Beginn eingezahlt wurde. Tina und Anne stellen eine Tabelle auf, mit der sie dieser Frage für verschiedene Kapitalbeträge bzw. Zinssätze nachgehen wollen. Was fällt Tina dabei in Bezug auf Annes Behauptung auf?

Kapital	**1 %**	**2 %**	**7 %**	**10 %**
100 €		≈ 35 Jahre		
200 €				≈ 7 Jahre
500 €			≈ 10 Jahre	
1000 €				

c) Teste die Formel $p \cdot D \approx 70$ für einen Prozentsatz von 15 %, 20 %, 35 % und rechne dein Ergebnis für 100 € nach. Was stellst du fest?

2 Mirko hat 750 € für fünf Jahre bei einer Bank angelegt. Er bekommt folgende Zinssätze:

1. Jahr	**1 %**
2. Jahr	**2,5 %**
3. Jahr	**3 %**
4. Jahr	**3,5 %**
5. Jahr	**6 %**

a) Welches Guthaben wird Mirko nach fünf Jahren angespart haben?

b) Mirko möchte gerne wissen, auf welches Guthaben er sich freuen kann. Er denkt sich:
„Die verschiedenen Zinssätze ergeben im Durchschnitt 3,2 %. Also habe ich nach 5 Jahren 5 · 3,2 % Prozent Zinsen, das sind $750 \cdot 5 \cdot 1{,}032 = 3\,870$ €.“ Was meinst du zu Mirkos Rechnung?

Lösungen

1. a) ca. 12 Jahre; b) s. Lösungen S. 53; Anne hat Unrecht; die Verdopplungszeit gilt völlig unabhängig vom eingezahlten Kapital. c) Für Prozentsätze über 12 % ist die Formel unbrauchbar. **2.** a) 877,38 €; b) Mirko darf die Zinssätze nicht mit 5 multiplizieren; in diesem Fall würde das einen Zinssatz von 516 % ergeben!

Übungen

In einem Weblog hat Tina von jungen Leuten gelesen, die eine Zeit lang in Australien gelebt haben. Seitdem ist es Tinas Wunsch, ein Jahr in Australien zu verbringen. Dafür spart sie seit einiger Zeit. Sie nimmt ihr Sparbuch, geht zur Bank und sagt zu dem Bankangestellten:
„Hier sind 1 500 €. Ich möchte in fünf Jahren nach Australien. Wie kann ich bis dahin das Geld so anlegen, dass es möglichst viele Zinsen bringt?"

Der Bankangestellte stellt ihr zwei Modelle vor:

1 **Das Geld liegt 5 Jahre fest und die jährlichen Zinsen von 5 % zahlt die Bank immer nur auf die ursprünglich angelegten 1 500 €.**

2 **Das Geld liegt 5 Jahre zu einem Zinssatz von 4,5 % p.a. fest. Die Bank addiert die Zinsen am Ende jeden Jahres zum Kapital und verzinst diese mit.**
(p.a. = per annum = pro Jahr)

a) Tina überlegt, bei welchem Modell sie in fünf Jahren mehr Geld für Australien haben wird. Sie erstellt dazu Tabellen und überträgt die Werte in ein Säulendiagramm.

1	Kapital	jährliche Zunahme
nach dem 1. Jahr	1 575,00 €	75 €
nach dem 2. Jahr		
nach dem 3. Jahr		
nach dem 4. Jahr		
nach dem 5. Jahr		

2	Kapital	jährliche Zunahme
nach dem 1. Jahr	1 567,50 €	67,50 €
nach dem 2. Jahr		
nach dem 3. Jahr		
nach dem 4. Jahr		
nach dem 5. Jahr		

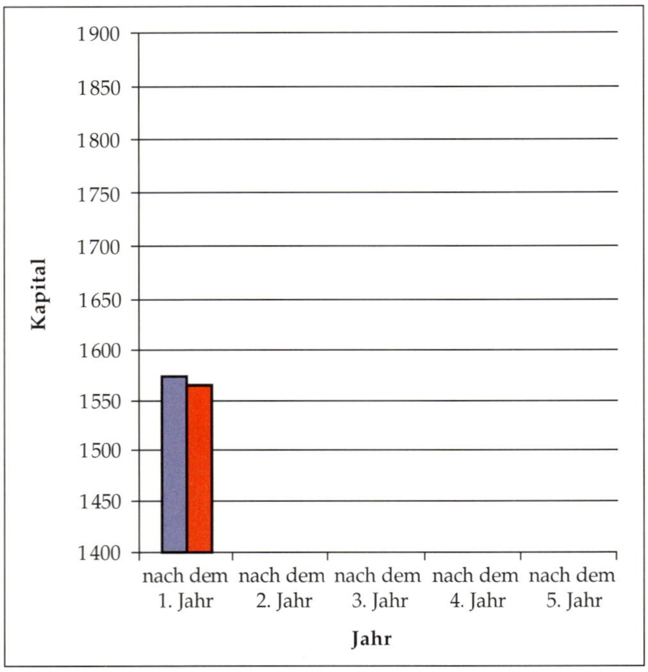

b) Tina vergleicht jeweils die jährlichen Zuwächse und stellt fest, dass beide Modelle den bekannten Wachstumsmodellen entsprechen:

Modell **1** ist das

______________________________.

Modell **2** ist das

______________________________.

c) Für welches Modell sollte Tina sich entscheiden?

d) Was ändert sich, wenn Tinas Australienreise erst fünf Jahre später stattfindet?

Lösungen

a) s. Lösungen S. 54; b) Modell 1: lineare Wachstum; Modell 2: exponentielle Wachstum; c) für Modell 1, da sie damit etwas mehr Kapital ansparen wird; d) Modell 2 wird Tina 2329,45 € bringen, Modell 1 nur 2250,00 €

1 Eva legt 300 € bei einer Bank zu einem Zinssatz von 3,5 % p. a. an, Nadine 200 € zum gleichen Zinssatz.
Wann hat sich Evas Geld verdoppelt, wann das Geld von Nadine? Vergleiche!

2 Stell dir vor, ein Vorfahre von dir hat vor 500 Jahren umgerechnet 1 € zu 5 % für dich angelegt.

a) Wie viel Geld liegt dann jetzt für dich auf dem Konto?
b) Jetzt sind 500 Jahre vergangen. Wie viele Zinsen bekommst du pro Sekunde?

3 Familie Schulz hat ein Haus gekauft und dafür einen Kredit aufgenommen in Höhe von 170 000 € zu einem Zinssatz von 4,65 % effektivem Jahreszins.

a) Wie viel Euro muss Familie Schulz im 1. Jahr an Zinsen bezahlen, wenn sie keine Schulden tilgt?
b) Um die Schulden zu tilgen, muss man zusätzlich zu den Zinsen 1% tilgen. Wie viel muss Familie Schulz im 1. Jahr monatlich an die Bank zahlen?

4 Frau Meyer legt bei einer Bank 1 000 € zu einem Zinssatz von 5 % p.a. für ein Jahr an. Nach einem halben Jahr benötigt sie jedoch das Geld und bittet die Bank, das Geld plus den bis dahin angefallenen Zinsen auszubezahlen.

a) Die Bank zahlt ihr nur 2,5 % Prozent Zinsen aus. Warum?
b) Rechne nach: Wenn man pro Halbjahr 2,5 % Zinsen bekäme, entspräche das einem Zinssatz von 5,0625 % p.a.
c) Begründe: Der Zinssatz für ein halbes Jahr müsste bei 5% p. a. 2,47 % betragen.

5 Tina kennt nun schon zwei Anlagemöglichkeiten für ihr Kapital von 1 500 €. In einer Zeitung findet sie folgendes Angebot:

Das Geld liegt 5 Jahre zu einem Zinssatz von 4,5 % fest, wobei die Verzinsung vierteljährlich erfolgt. Die Zinsen werden am Ende eines jeden Quartals zum Kapital addiert und mit verzinst.

a) Was ist das Besondere an diesem Angebot?

b) Tina überlegt, wie sich dieser Unterschied in den fünf Jahren auswirken könnte. Dazu bestimmt sie das Kapital nach fünf Jahren. Im Internet findet sie eine Formel, die ihr dabei weiterhilft. Wie groß ist das Kapital beim dritten Angebot nach fünf Jahren?

c) Formuliere in eigenen Worten, wie sich die unterjährigen Verzinsungen auf die Kapitalentwicklung auswirken.

Lösungen

1. jeweils nach etwa 20 Jahren; **2.** a) 39 323 261 827 €; b) 1 246,93 €; **3.** a) 7 905 €; b) 800,42 €; **4.** a) Die Bank nimmt für ein halbes Jahr die Hälfte des vereinbarten Zinssatzes. b) Wenn man halbjährlich verzinst, dann werden die Zinsen des 1. Halbjahres wieder mitverzinst. c) Rechnung: $1\,000 \cdot 1{,}0247^2 = 1\,050{,}01$ €; **5.** a) Es gibt vier Verzinsungen pro Jahr. b) 1 876,13 €

6 Bei einem Ferienjob hast du 500 € verdient und möchtest das Geld sparen. Entscheide dich jeweils für das bessere Angebot.

a)
1. 5 Jahre zu 4,5 % p. a. **oder**
2. 5 Jahre zu 3,5 % bei vierteljährlicher Verzinsung

b)
1. 6 Jahre zu 5 % p. a. **oder**
2. jährlich steigende Zinssätze: 2 %, 3 %, 4 %, 5 %, 6 %, 7 %

c)
1. 7 Jahre, jeweils 30 € „Sparprämie“ **oder**
2. 7 Jahre zu 4,25 % p. a.

d)
1. 5 Jahre zu 2,75 % monatlich **oder**
2. 5 Jahre zu 3,25 % halbjährlich

e)
1. $\frac{1}{2}$ Jahr zu 4 % monatlich, dann $3\frac{1}{2}$ Jahre zu 2 % halbjährlich **oder**
2. 4 Jahre zu 3 % halbjährlich

7 Ergänze die fehlenden Werte!

Kapital zu Beginn	p %	q	N (Jahre)	K_n
100 €	4,25		5	
2 500 €	12			
1 800 €		1,0375	7	
1 €	2,5		500	
10 000 €	5,25			12 915,48
30 000 €		1,045	35	
500 €		1,0325	15	807,83

8 Familie Muster will ihren Garten gründlich umgestalten. Dazu hat sie bei einer Bank vor fünf Jahren 12 000 € angelegt. Seitdem wird das Geld zu 3,8 % verzinst.

a) Wie hoch ist das Kapital heute?

b) Für die Sanierung müssen pro Quadratmeter Kosten von ca. 150 € eingeplant werden. Welche Fläche kann Familie Muster mit dem angesparten Geld erneuern?

c) Reicht das Geld für 150 m², wenn die Familie einen zweiten Sparvertrag auszahlen lässt, in dem 5 000 € mit jährlich 8 % verzinst wurden? Das Geld wurde vor sechs Jahren angelegt.

Lösungen

6. das jeweils bessere Angebot ist: a) Angebot 1; b) Angebot 1; c) Angebot 1; d) Angebot 2; e) Angebot 1;
7. s. Lösungen S. 54; **8.** a) ca. 14 460 €; b) 96,4 m²; c) Ja, es reicht annähernd.

6 Der Logarithmus

Es gibt immer noch Gebiete auf der Erde, in denen das Internet noch nicht verbreitet ist. Tina liest von einer Insel in der Südsee, die erst im Jahr 2000 ihren ersten Internetzugang bekommen hat. Der König war damals der erste Internetsurfer, dann einen Monat lang seine zehnköpfige Familie, und auch danach verzehnfachte sich monatlich die Zahl der Internetsurfer auf der Insel.

a) Die Hauptstadt dieser Südseeinsel hat 10 000 Einwohner.
Wann sind diese – bei gleich bleibender Entwicklung – alle online?

Um diese Frage zu beantworten, ist die Gleichung $10^x =$ ________ zu lösen, du suchst also die Zahl x, mit der man die Basis 10 potenzieren muss, um 10 000 zu erhalten.

b) Die Lösung dieser Gleichung ist ________, da $10^{\square} = 10\,000$,

d. h. in ________________ sind alle Bewohner der Hauptstadt online.

Diese Zahl x nennt man den **Logarithmus von 10 000 zur Basis 10.** Man schreibt $\log_{10} 10\,000 = x$

c) Tina liest weiter, dass der König so begeistert vom Internet ist, dass er nicht nur die Hauptstadt, sondern die gesamte Insel mit Hotspots versorgen will, sodass alle Bewohner der Insel im Internet surfen können. Die gesamte Insel hat ca. 32 000 Einwohner. Wann werden diese alle online sein?
Jetzt ist die Gleichung $10^{\square} =$ __________ zu lösen, das heißt, du suchst die Zahl x, mit der man die Basis 10 potenzieren muss, um 32 000 zu erhalten.
Du suchst also den log ______ __________.

d) Die Lösung ist nicht so einfach zu bestimmen wie in Aufgabe a), aber der Taschenrechner kann dir helfen. Mit ihm kannst du alle Logarithmen näherungsweise berechnen.

Um den $\log_{10} 32\,000$ zu berechnen, musst du log 32 000 eingeben und du erhältst als Lösung __________, also __________ Monate.

Hinweis: Wenn du einen älteren TR hast, kann es sein, dass du die Tastenfolge umkehren musst, nämlich: 32 000 log. Es kann auch sein, dass dein TR die Taste lg statt log hat.

MEMO

Mit dem **Logarithmus** von **a** zur **Basis b** – kurz $\log_b a$ – wird die Zahl bezeichnet, mit der man eine Basis b potenzieren muss, um a zu erhalten (a und b sind positive Zahlen):
$\log_b a = x \Leftrightarrow b^x = a$

Beispiele: $\log_{10} 100 = 2 \Leftrightarrow 10^2 = 100$; $\log_2 16 = 4 \Leftrightarrow 2^4 = 16$

Lösungen

a) 10 000; b) 4; $10^4 = 10\,000$, 4 Monaten; c) $10^x = 32\,000$; $\log_{10} 32\,000$; d) 4,51; ca. $4\frac{1}{2}$ Monate

Der Logarithmus zu beliebigen Basen

Die Zahl der Internetnutzer auf der Südseeinsel verzehnfacht sich also jeden Monat. Die Zahl der Computer nimmt hingegen deutlich langsamer zu, aber immerhin verdoppelt sie sich jeden Monat.

a) Wann haben alle Bewohner der Hauptstadt (10 000 Einwohner) und wann alle Insulaner (32 000 Einwohner) einen Computer? Für diese Frage sind die

Gleichungen $\_\_\_\_\_\_^x = \_\_\_\_\_\_$ bzw. $\_\_\_\_\_\_^x = \_\_\_\_\_\_$ zu lösen.

Es sind demnach $\log_{\_\_}$ — bzw. $\log_{\_\_}$ — zu bestimmen.

Diese Logarithmen zur Basis 2 sind nicht so einfach mit dem Taschenrechner zu bestimmen wie die Logarithmen zur Basis 10, da der Taschenrechner keine log -Tasten für jede beliebige Basis hat.

b) Du kannst aber mithilfe der log -Tasten für den Logarithmus zur Basis 10 auch alle Logarithmen zu beliebigen anderen Basen ausrechnen, und zwar so:

$$\log_2 10\,000 = \frac{\log_{10} 10\,000}{\log_{10} 2} \approx \_\_\_\_\_\_\_\_ \quad \text{oder}$$

$$\log_2 32\,000 = \frac{\log_{10} 32\,000}{\log_{10} 2} \approx \_\_\_\_\_\_\_\_$$

c) Wie lange dauert es also, bis jeder Einwohner der Hauptstadt und jeder Insulaner einen Computer besitzt?

MEMO

Die **Logarithmen a** zu **beliebigen Basen b** werden mit der Formel

$$\log_b a = \frac{\log_{10} a}{\log_{10} b} \quad \text{berechnet.} \qquad (a, b > 0)$$

Lösungen

a) $2^x = 10\,000$ bzw. $2^x = 32\,000$, also sind $\log_2 10\,000$ bzw. $\log_2 32\,000$ zu bestimmen; b) $\log_2 10\,000 = \frac{\log_{10} 10\,000}{\log_{10} 2} \approx 13{,}29$; $\log_2 32\,000 = \frac{\log_{10} 32\,000}{\log_{10} 2} \approx 14{,}97$; c) etwas mehr als 13 Monate; fast 15 Monate

1 Schreibe als *Exponential*gleichung.

Beispiel:

$$\log_{10} 100 = 2 \leftrightarrow 10^2 = 100$$

a) $\log_3 81 = 4 \quad \leftrightarrow \quad 3^4 =$ ____________

b) $\log_{10} 100\,000 = 6 \quad \leftrightarrow$ ____________

c) $\log_7 16\,807 = 5 \quad \leftrightarrow$ ____________

d) $\log_{1,5} 5{,}0625 = 4 \quad \leftrightarrow$ ____________

2 Schreibe als *Logarithmus*gleichung.

a) ____________ $\leftrightarrow \quad 2^9 = 512$

b) ____________ $\leftrightarrow \quad 8^7 = 2\,097\,152$

c) ____________ $\leftrightarrow \quad 4{,}25^2 = 20{,}25$

d) ____________ $\leftrightarrow \quad 15^3 = 3\,375$

3 a) Ergänze die Tabelle.

x =	3		−0,5		2
10^x =		20		1	

x =		5,5		6	
10^x =	10		2 500		0,5

b) Was fällt dir auf,
- wenn in der oberen Zeile eine ganze Zahl steht?
- wenn in der unteren Zeile eine Zahl < 1 steht?
- wenn in der unteren Zeile eine negative Zahl steht?

Begründe deine Erkenntnisse!

4 Begründe:

a) $\log_2 2 = 1$

b) $\log_{152} 1 = 0$

c) $\log_5 5^{10} = 10$

5 Im Jahr 2003 hatte Oman 2,599 Millionen Einwohner und ein Bevölkerungswachstum von 2,4 %.
Im selben Jahr hatten die Vereinigten Arabischen Emirate 4,041 Millionen Einwohner und ein Bevölkerungswachstum von 7,4 %.

a) In welchem Jahr überschreiten die Länder jeweils die 10-Millionen-Grenze?

b) Saudi-Arabien hatte 2003 ungefähr 22,5 Millionen Einwohner mit einem Bevölkerungswachstum von 2,9 %. Wann werden bei gleicher Entwicklung die Vereinigten Arabischen Emirate ungefähr die Hälfte der Einwohner Saudi-Arabiens haben?

TIPP

Eine Tabellenkalkulation kann dir helfen!

6 Herr Rilke träumt von einem Sportwagen. Dafür braucht er 40 000 €. Er erbt 15 000 €, die er bei einer Bank anlegen will, um für seinen Traum zu sparen.

a) Die Bank bietet 4,5 % p.a. Zinsen. Wie lange muss Herr Rilke warten, bis er sich von diesem Geld den Sportwagen leisten kann?

b) Wie viel Geld müsste er anlegen, um die Wartezeit zu halbieren?

c) Ein Jahreswagen wird mit einem Rabatt von 4 800 € angeboten. Nach wie vielen Jahren kann sich Herr Rilke diesen Wagen leisten?

Lösungen

1. a) $3^4 = 81$; b) $10^6 = 1\,000\,000$; c) $7^5 = 16\,807$; d) $1{,}5^4 = 5{,}0625$; **2.** a) $\log_2 512 = 9$; b) $\log_8 2\,097\,152 = 7$; c) $\log_{4,25} 20{,}25 = 2$; d) $\log_{15} 3\,375 = 15$; **3.** a) s. Lösungen S. 54; b) ganze Zahl: Es werden entsprechend der Zahl Nullen angehängt; < 1: Der Logarithmus ist negativ; negative Zahl: Der Logarithmus ist nicht definiert; **4.** a) $2^1 = 2$; b) Jede Basis mit dem Exponenten 0 ergibt 1. c) 5^{10} gibt die Lösung schon an. **5.** a) Oman 2060, Vereinigte Arabische Emirate zwischen 2015 und 2016; b) in 24 Jahren, also 2027 (22 Mio und 44 Mio); **6.** a) $22\frac{1}{4}$ Jahre; b) ca. 24 513 €; c) nach 19 Jahren und 5 Monaten

Radioaktivität

Am 26. April 1986 ereignete sich im Kernkraftwerk Tschernobyl (damalige Sowjetunion, heutige Ukraine) ein sogenannter Super-GAU (**g**rößter **a**nzunehmender **U**nfall), d. h. ein Unfall, der sämtliche Möglichkeiten der Sicherheitstechnik überforderte.

Große Mengen an radioaktivem Material wurden freigesetzt und verteilten sich über viele Regionen Europas, auch über Deutschland. So gibt es teilweise heute noch insbesondere im Süden Deutschlands radioaktiv belastete Pilze, Waldbeeren und Wildtiere.

Mit dem Begriff **Halbwertszeit** bezeichnet man die Zeit, in der sich ein exponentiell abnehmender Wert halbiert. Bei radioaktiven Stoffen meint man die Zeit, in der sich die Menge der radioaktiven Strahlung halbiert.

1 a) In Tschernobyl ist – neben anderen Stoffen – Cäsium 137 freigesetzt worden. Cäsium 137 hat eine Halbwertszeit von 33 Jahren. Zu welchem Zeitpunkt ist die Cäsium-Belastung auf 10 % ihres ursprünglichen Wertes gesunken?

b) Gib den Abnahmefaktor von Cäsium 137 für ein Jahr an.

c) In Tschernobyl wurden auch Jod 131 sowie Strontium 90 freigesetzt. Wann sind von diesen Stoffen nur noch 10 % der ursprünglichen Menge vorhanden?

Stoff	Halbwertszeit
Jod 131	8 Tage
Strontium 90	28,5 Jahre

d) 2006 jährte sich das Reaktorunglück zum 20. Mal. Wie viel Prozent Cäsium 137, Jod 131 bzw. Strontium 90 waren damals noch vorhanden?

e) Radioaktive Stoffe haben jedoch auch positive Aspekte: In der Medizin nutzt man radioaktives Technetium (^{99m}Tc), um z. B. Krankheiten der Schilddrüse zu diagnostizieren. Die Halbwertszeit von ^{99m}Tc beträgt 6,01 Stunden. Nach wie vielen Stunden ist weniger als $\frac{1}{4}$ bzw. weniger als 15 % der ursprünglichen Dosis noch im Körper des Patienten vorhanden?

Lösungen

1. a) nach ca. 110 Jahren; b) 0,97921; c) Jod 131: nach 27 Tagen, Strontium 90: nach 95 Jahren; d) Cäsium 137: 65 %, Jod 131: annähernd 0, Strontium 90: 55 %; e) nach 12,02 Stunden bzw. nach 16,27 Stunden

Radiokarbonmethode (C-14-Methode)

Für Archäologen ist die Altersbestimmung von Fundstücken eine wichtige Aufgabe. Eine einfache Methode hierfür ist die Radiokarbonmethode.

Bei dieser Methode vergleicht man die Radioaktivität eines lebenden Organismus mit der des Fundes. Dadurch sind Rückschlüsse auf das Alter des Fundes möglich. Die Methode nutzt die Tatsache, dass Pflanzen, Tiere und Menschen zu Lebzeiten radioaktiven Kohlenstoff C-14 aufnehmen. In der Atmosphäre befindet sich ein geringer Anteil des radioaktiven Kohlenstoffes C-14 mit einer Halbwertszeit von 5 730 Jahren. Jeder lebende Organismus enthält, solange er lebt, ebenfalls diesen Anteil an C-14-Atomen. Nach dem Tod wird jedoch kein neues C-14 aufgenommen, sodass sich der Anteil innerhalb von 5730 Jahren halbiert. Werden antike Holzstücke oder Knochen bei Ausgrabungen auf ihr Alter hin untersucht, so muss lediglich festgestellt werden, welcher Bruchteil des ursprünglichen C-14-Anteils noch vorhanden ist.

Beträgt die Radioaktivität eines Holzstückes zum Beispiel noch 50 % des Wertes eines lebenden Baumes, so beträgt das Alter des Holzstückes 5 730 Jahre.

2 a) Das Turiner Grabtuch ist ein Leinentuch (4,36 m x 1,10 m), das schemenhaft das Bild eines gekreuzigten Mannes zeigt. Da immer wieder behauptet wurde, es handle sich um das Antlitz Jesu Christi, wurde ein Teststreifen an mehrere Labors zur Altersbestimmung gesandt. Es wurde festgestellt, dass insgesamt 8 % des C-14-Anteils zerfallen sind. Kann es sich tatsächlich um das Grabtuch Jesu handeln (Kreuzigung ca. 33 n. Chr.)?

b) 1922 wurde das Grab des ägyptischen Pharaos Tutanchamun geöffnet. Man fand neben vielen wertvollen Grabbeigaben die Mumie des Pharaos, der in der Zeit von 1332 bis 1323 v. Chr. regierte. Welchen C-14-Anteil wird man an seiner Mumie vorgefunden haben?

c) In den Ötztaler Alpen wurde 1991 im Gletschereis eine konservierte, trocken mumifizierte Leiche eines Mannes gefunden, der nach dem Fundort „Ötzi" getauft wurde. Man glaubte zunächst an einen verunglückten Bergsteiger, vielleicht aus dem letzen Jahrhundert. Untersuchungen ergaben einen Anteil von 57 % des ursprünglichen C-14-Anteils. Wann hat Ötzi ungefähr gelebt?

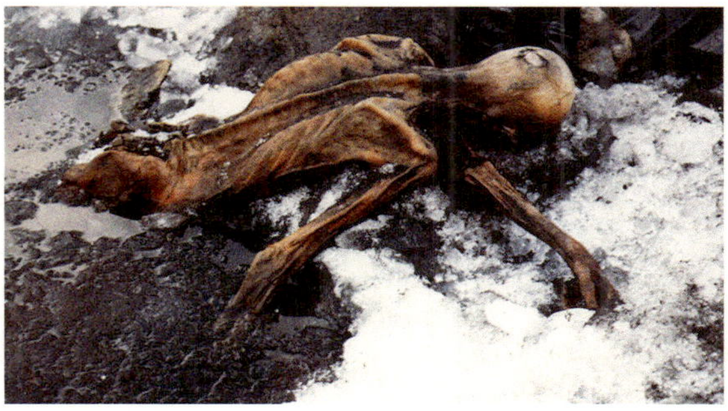

Reproduktion des Turiner Grabtuchs in St. Sulpice, 2002

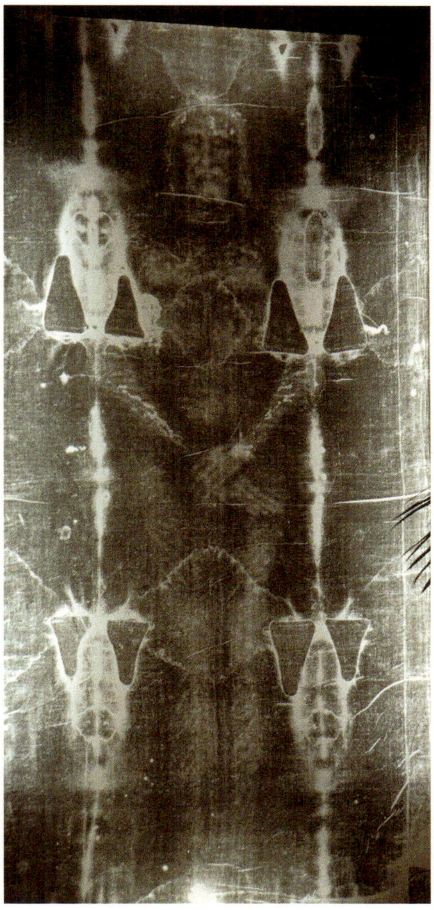

Lösungen

2. a) 8 % deuten auf ein Alter von ca. 690 Jahren hin, also weit nach der Kreuzigung Jesu, insofern kann es sich nicht um das Grabtuch Jesu handeln; b) ca. 56,63 %; c) vor ca. 4650 Jahren

■ **Seite 8, a)**

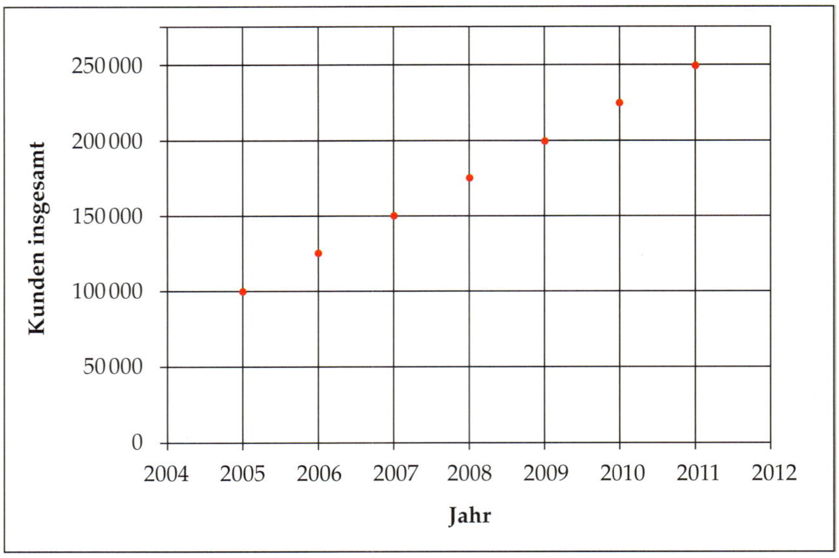

■ **Seite 9, 1. a)**

Minuten	0	250	500	1 000	1 500	2 000	2 500	3 000
Monatliche Kosten	5	10	15	25	35	45	55	65

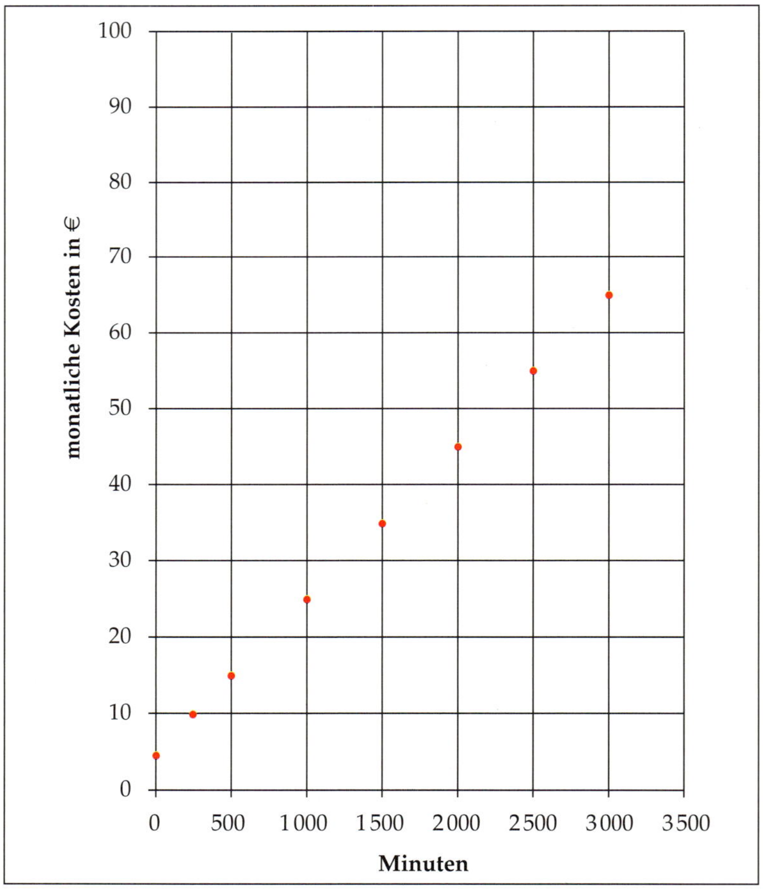

Seite 10, 1. a)

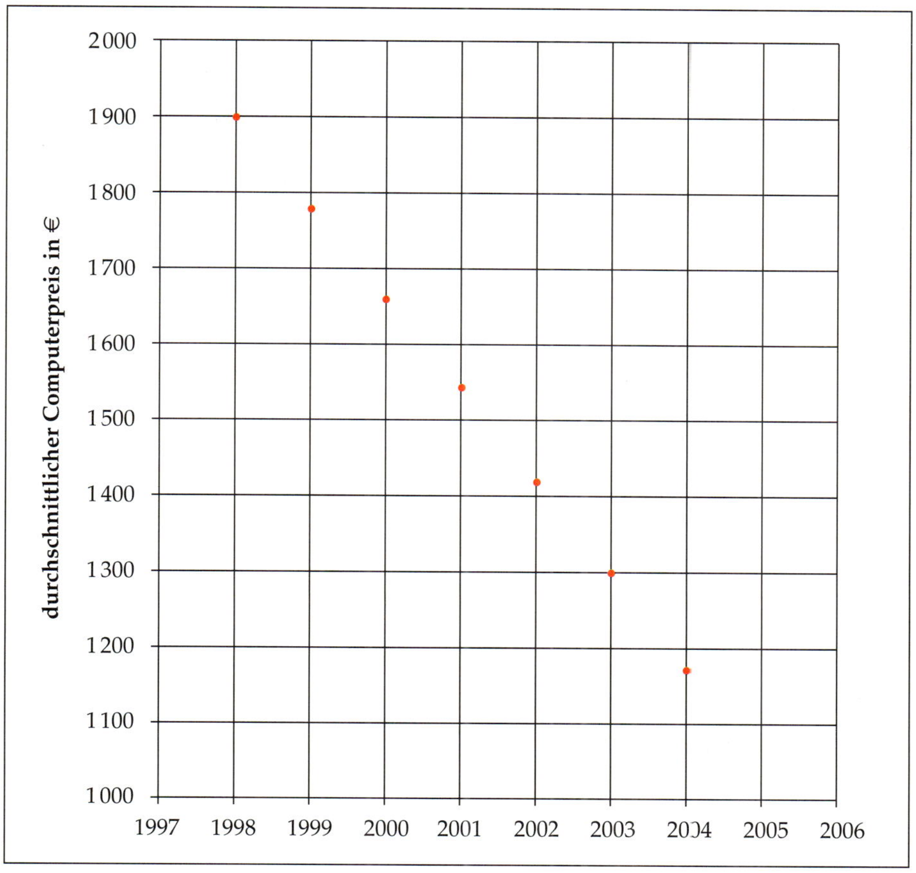

Seite 12, 2. a), b)

Minuten	Kosten bei Easyhandy
0	5 €
20	7 €
40	9 €
60	11 €
80	13 €
100	15 €
120	17 €
140	19 €
160	21 €
180	23 €
200	25 €

Minuten	Kosten bei Fleximobil
0	0 €
20	3 €
40	6 €
60	9 €
80	12 €
100	15 €
120	18 €
140	21 €
160	24 €
180	27 €
200	30 €

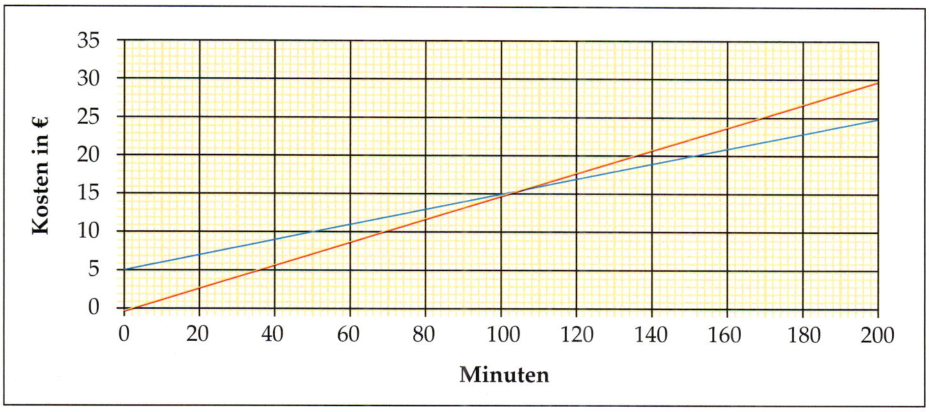

Seite 13, c)

Wachstumsrate		Wachstumsfaktor
+7 %	100% + 7 % = 107 %	1,07
+12 %	100% + 12 % = 112 %	1,12
+2,7 %	100% + 2,7 % = 102,7 %	1,027

Wachstumsrate		Wachstumsfaktor
−3 %	100 % − 3 % = 97 %	0,97
−20 %	100 % − 20 % = 80 %	0,8
−5,1 %	100 % − 5,1 % = 94,9 %	0,949

Seite 15, 1.

Wachstumsrate	0	5 %	350 %	6 %
Wachstumsfaktor	1	1,05	3,5	1,06

Wachstumsrate	−25 %	−50 %	17,5 %	−24 %
Wachstumsfaktor	0,75	0,5	1,175	0,76

Seite 15, 3.

Bundesland	Bevölkerungszahl 2005 (in Tausend)	Veränderung in %	Bevölkerungszahl 2006 (in Tausend)
Bayern	12 469	0,2	12 493,94
Brandenburg	2 559	−0,3	2 551,32
Bremen	663	0	663
Mecklenburg-Vorpommern	1 707	−0,7	1 695,05

Seite 16, c)

1997	1998	1999	2000	2001	...	2006
8,3	13,5	21,8	35,48	57,48		641,35

Seite 19, 3. a)

	2006	Wachstumsrate	Bevölkerungszahl 2025	Bevölkerungszahl 2050
Afrika	924 Mio	2,3 %	1 423 Mio	2 513 Mio
Asien	3 968 Mio	1,2 %	4 977 Mio	6 707 Mio
Europa	732 Mio	−0,1 %	718 Mio	700 Mio

Seite 20, 5. a)

Zeitpunkt	Einwohner in Millionen	Einwohner, für die Nahrungsmittel zur Verfügung stehen
0	500	600
1	511,5	650
2	523,26	700
3	535,29	750
4	547,61	800
5	560,20	850
6	573,09	900
7	586,27	950
8	599,75	1000
9	613,55	1050
48	1489,36	3000
49	1523,61	3050
50	1558,66	3100
51	1594,51	3150
52	1631,18	3200
53	1668,70	3250
108	5828,25	6000
109	5962,30	6050
110	6099,44	6100
111	6239,72	6150
112	6383,23	6200

Seite 21, 7. a)

0	1	2	3	4	5	6	7	8	9	10	11	12
2,65	2,32	2,03	1,78	1,55	1,36	1,19	1,04	0,91	0,80	0,70	0,61	0,53

Seite 24, c)

x	$y = 2^x$
−3	0,125
−2,5	0,177
−2	0,25
−1,5	0,35
−1	0,5
−0,5	0,71
0	1
0,5	1,41
1	2
1,5	2,83
2	4
2,5	5,66
3	8

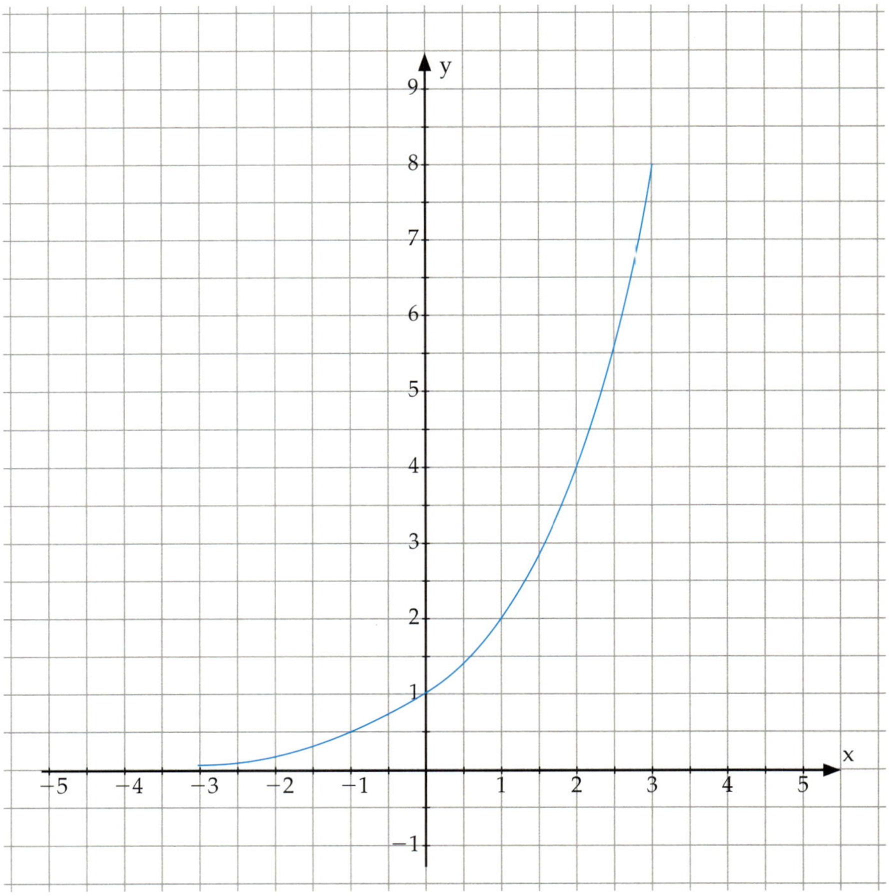

Seite 25, f)

x	$y = \left(\frac{1}{2}\right)^x$
−3	8
−2,5	5,66
−2	4
−1,5	2,83
1	2
−0,5	1,41
0	1
0,5	0,71
1	0,50
1,5	0,35
2	0,25
2,5	0,177
3	0,125

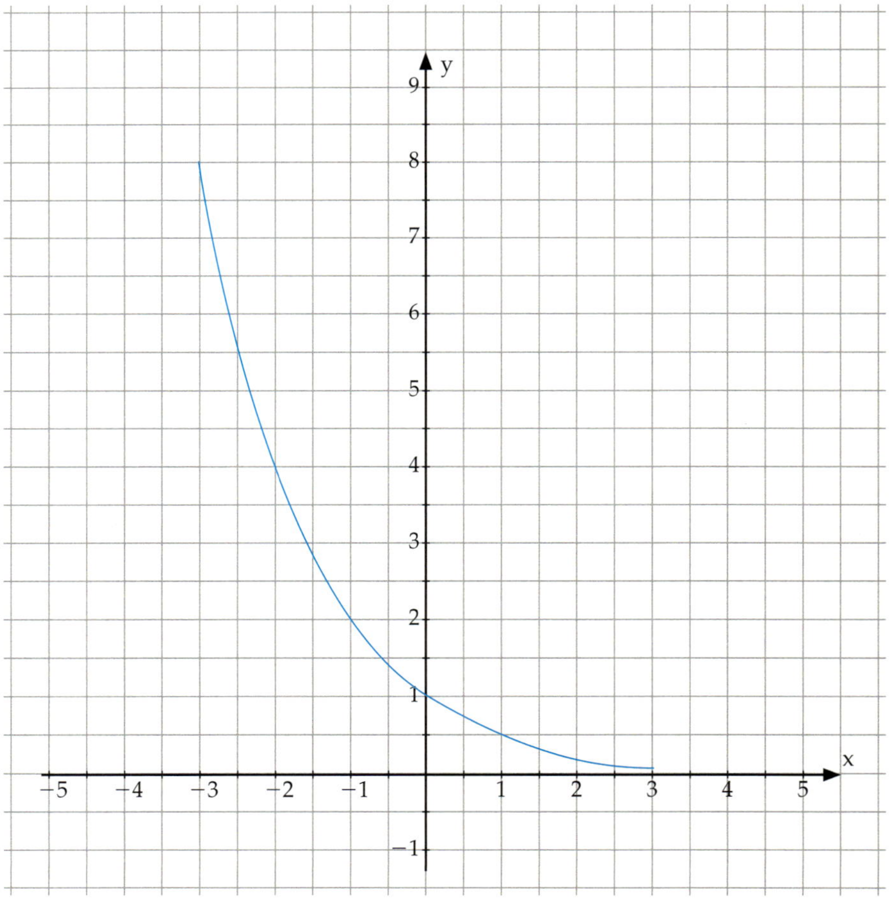

Seite 26, g)

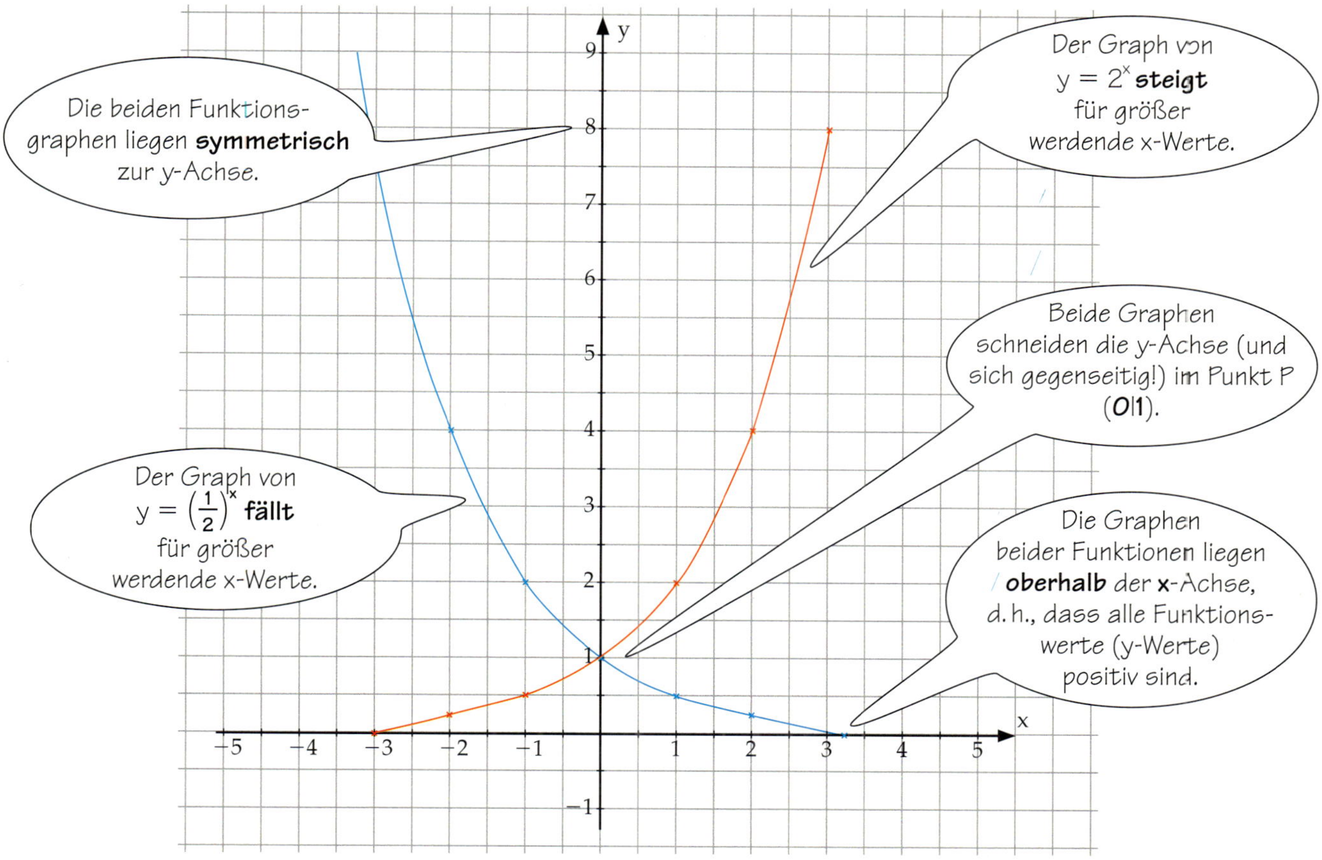
Die beiden Funktionsgraphen liegen **symmetrisch** zur y-Achse.
Der Graph von $y = 2^x$ **steigt** für größer werdende x-Werte.
Beide Graphen schneiden die y-Achse (und sich gegenseitig!) im Punkt P (0|1).
Der Graph von $y = \left(\frac{1}{2}\right)^x$ **fällt** für größer werdende x-Werte.
Die Graphen beider Funktionen liegen **oberhalb** der **x**-Achse, d. h., dass alle Funktionswerte (y-Werte) positiv sind.
y
x
9
8
7
6
5
4
3
2
1
−1
−5
−4
−3
−2
−1
1
2
3
4
5

Seite 27, 1. a)

x-Werte	$y = \left(\frac{3}{2}\right)^x$	$y = \left(\frac{2}{3}\right)^x$	$y = 3^x$	$y = \left(\frac{1}{3}\right)^x$
−3	0,30	3,38	0,04	27,00
−2	0,44	2,25	0,11	9,00
−1	0,67	1,50	0,33	3,00
0	1,00	1,00	1,00	1,00
1	1,50	0,67	3,00	0,33
2	2,25	0,44	9,00	0,11
3	3,38	0,30	27,00	0,04

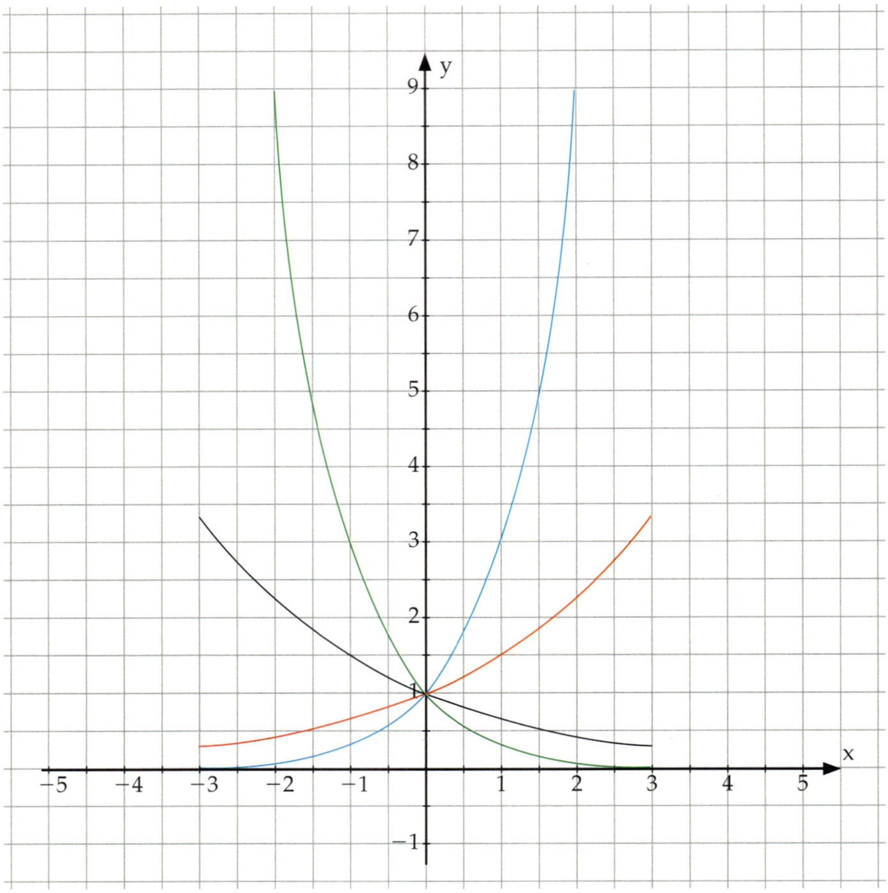

Seite 27, 1. b), c)

b) **Gemeinsamkeiten**

- die Funktionen verlaufen alle durch den Punkt (0 | 1)
- die Funktionen verlaufen alle oberhalb der x-Achse
- die Funktionen schmiegen sich alle an die x-Achse an

Unterschiede

- $y = 3^x$ steigt steiler als $y = \left(\frac{3}{2}\right)^x$
- $y = \left(\frac{1}{3}\right)^x$ fällt steiler als $y = \left(\frac{2}{3}\right)^x$
- $y = \left(\frac{3}{2}\right)^x$ und $y = 3^x$ steigen, hingegen fallen $y = \left(\frac{2}{3}\right)^x$ bzw. $y = \left(\frac{1}{3}\right)^x$

c)
- $y = 6^x$ steigt noch steiler als $y = 3^x$
- $y = \left(\frac{1}{6}\right)^x$ fällt noch steiler als $y = \left(\frac{1}{3}\right)^x$

Seite 28, 2.

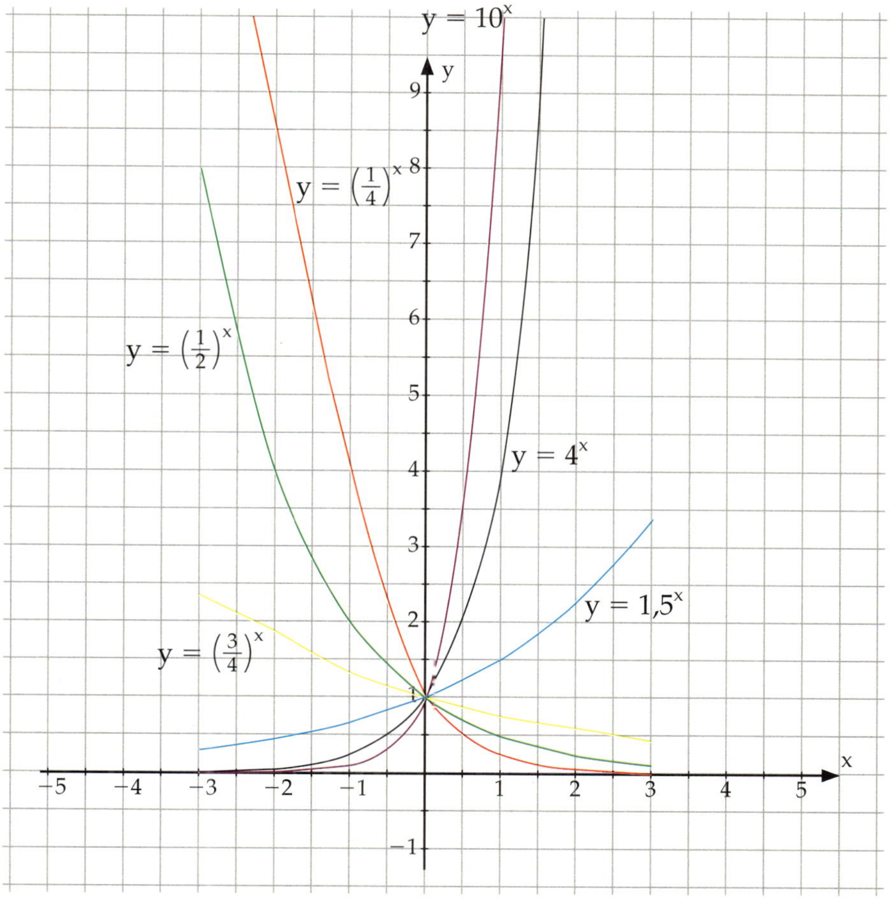

Seite 28, 3.

$y = 2^x + 1{,}5$ entsteht aus $y = 2^x$ durch Verschiebung des Graphen entlang der y-Achse um 1,5 Einheiten nach oben.

$y = 2^{-x} - 1$ entsteht aus $y = 2^x$ durch Verschiebung des Graphen entlang der y-Achse um 1 Einheit nach unten sowie durch Spiegelung an der y-Achse.

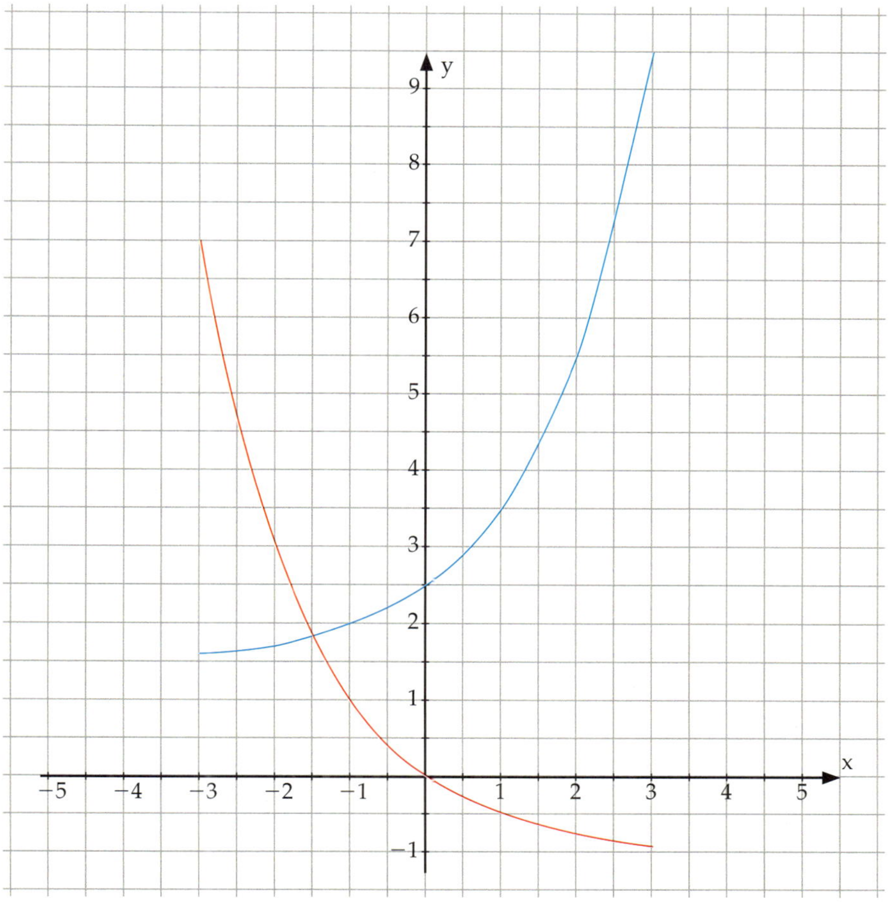

Seite 29, c)

x	y = 2,5 · 2^x
−3	0,31
−2,5	0,44
−2	0,63
−1,5	0,88
−1	1,25
−0,5	1,77
0	2,50
0,5	3,54
1	5,00
1,5	7,07
2	10,00
2,5	14,14
3	20,00

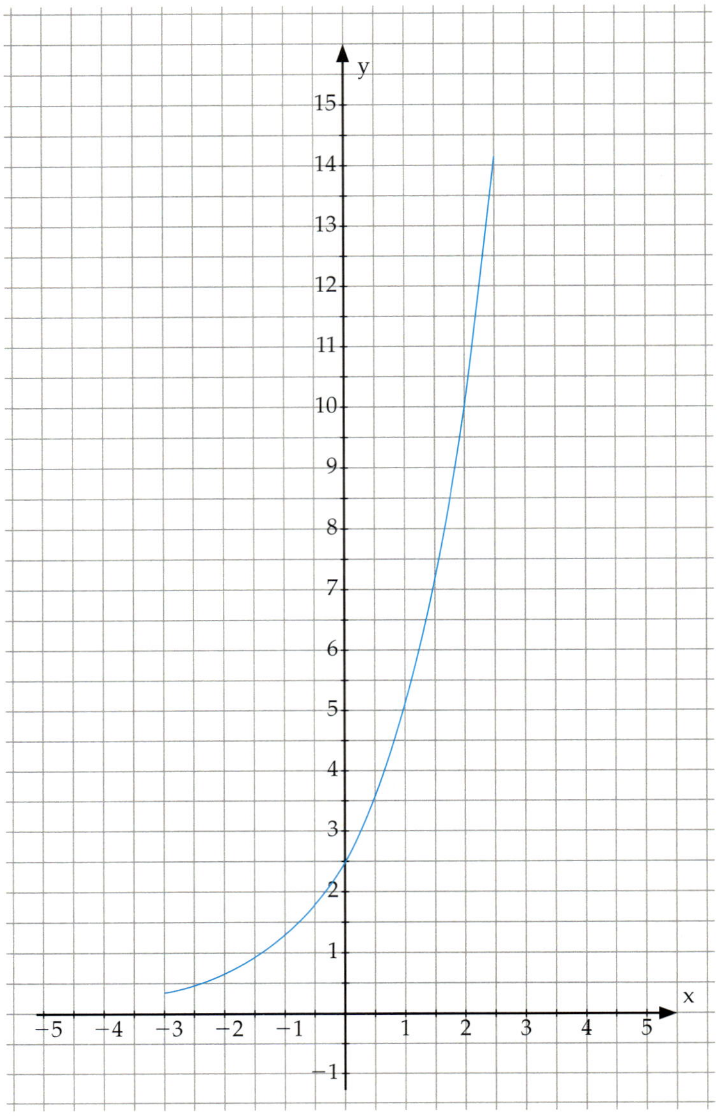

Seite 30, d)

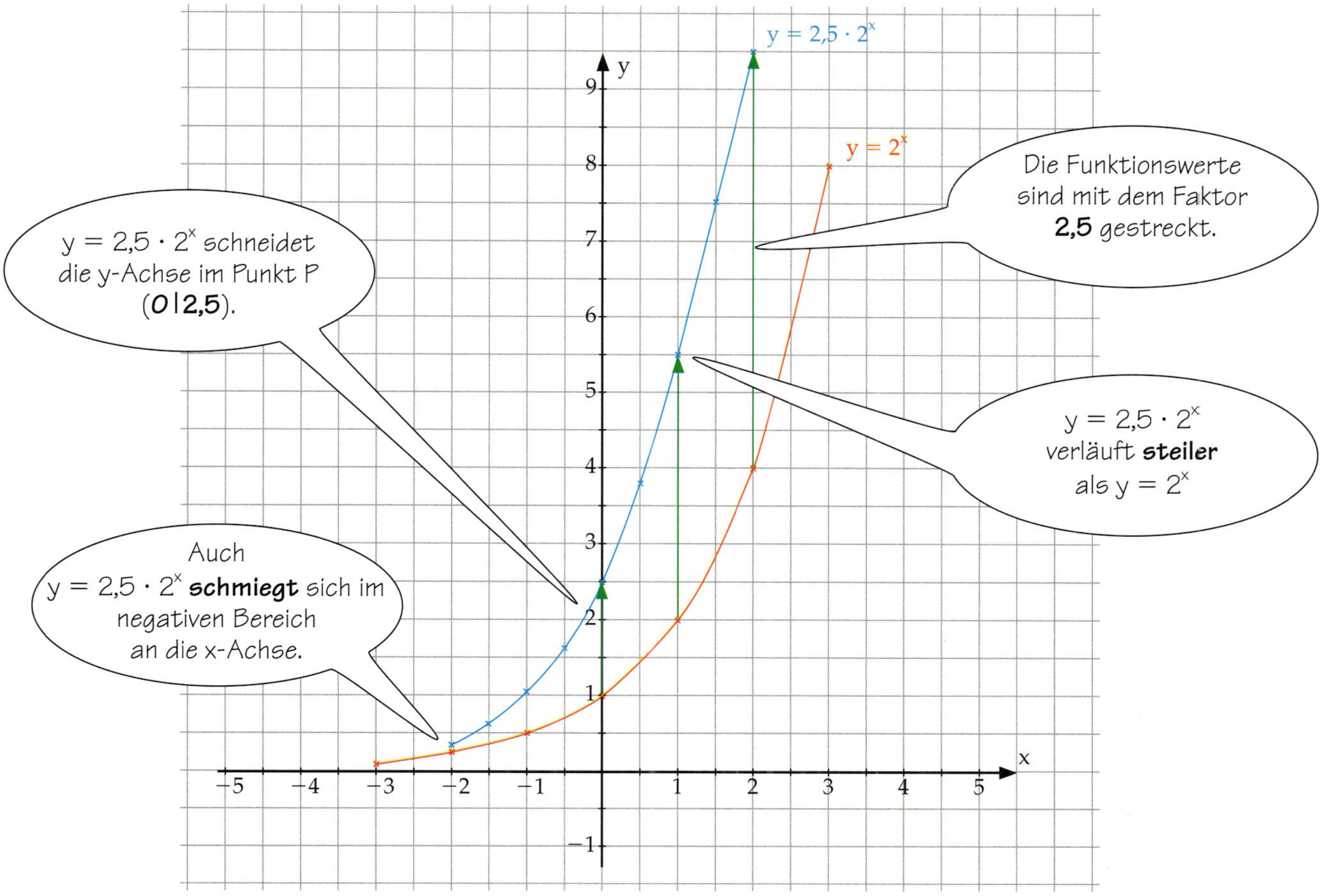

Seite 31, 1.

a) $y = \frac{1}{4} \cdot 3^x$: Die Funktion schneidet die y-Achse im Punkt $\left(0 \mid \frac{1}{4}\right)$.
Die Funktionswerte sind mit dem Faktor $\frac{1}{4}$ gestaucht.
Die Funktion verläuft flacher als $y = 3^x$.
Die Funktion schmiegt sich im positiven Bereich an die x-Achse an.

b) $y = 5 \cdot \left(\frac{1}{3}\right)^x$: Die Funktion schneidet die y-Achse im Punkt $(0 \mid 5)$.
Die Funktionswerte sind mit dem Faktor 5 gestreckt.
Die Funktion verläuft steiler als $y = \left(\frac{1}{3}\right)^x$.
Die Funktion schmiegt sich im negativen Bereich an die x-Achse an.

Seite 31, 2.

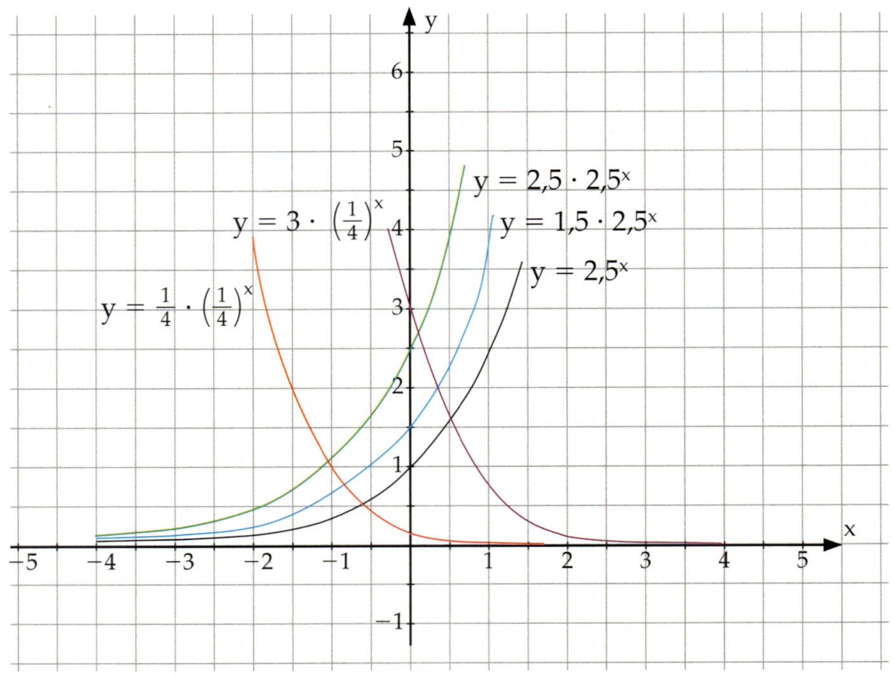

Seite 31, 3.

$y = \frac{1}{4} \cdot \left(\frac{3}{4}\right)^x$, z. B.:

x-Wert	$y = \frac{1}{4} \cdot \left(\frac{3}{4}\right)^x$	$y = \left(\frac{3}{4}\right)^x$
0	$\frac{1}{4}$	1
1	$\frac{3}{16}$	$\frac{3}{4}$
2	0,14	0,81

$y = \frac{3}{2} \cdot \left(\frac{3}{4}\right)^x$, z. B.:

x-Wert	$y = \frac{3}{2} \cdot \left(\frac{3}{4}\right)^x$	$y = \left(\frac{3}{4}\right)^x$
0	$\frac{3}{2}$	1
1	$1\frac{1}{8}$	$\frac{3}{4}$
2	0,84	0,56

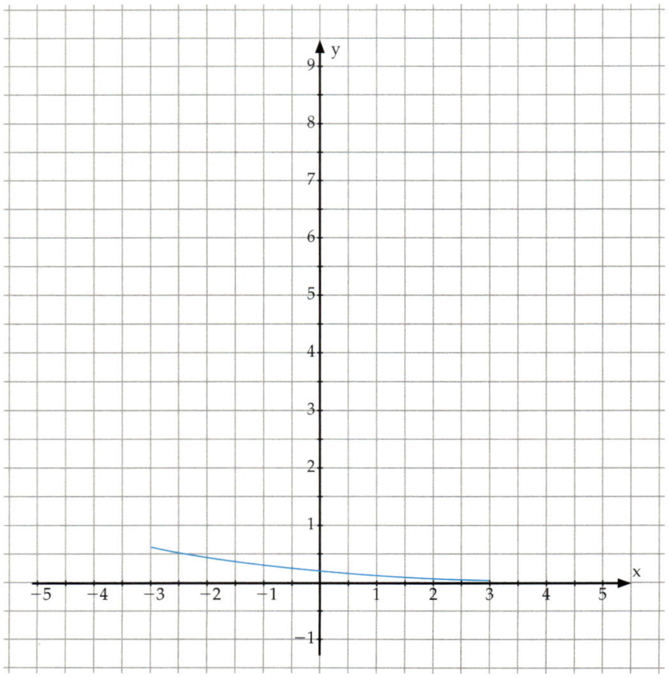

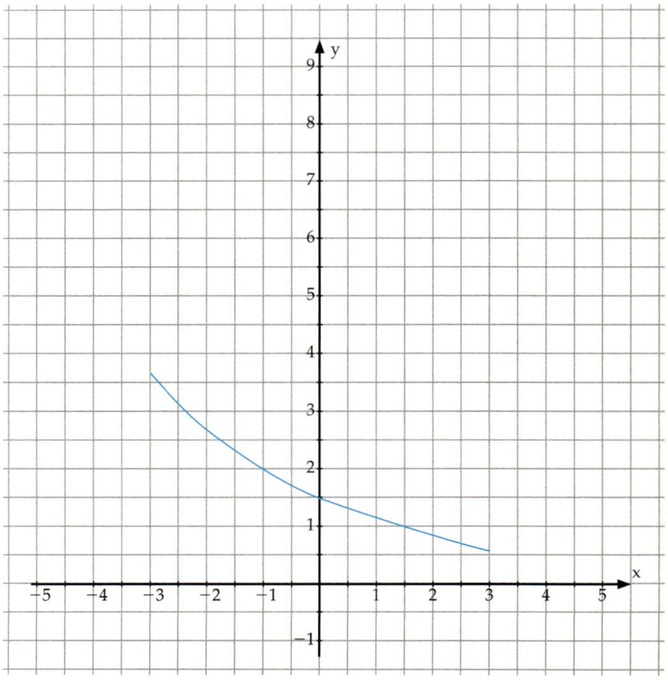

Seite 31, 5.

a) $y = 12 \cdot 0{,}915^x$
b) Die Konzentration nimmt ab, da der Graph fällt bzw. da der Wachstumsfaktor kleiner 1 ist.
c) zwischen der 6. und 7. Woche
d) nach 5 Wochen, also eine Woche nach Beginn der Saison

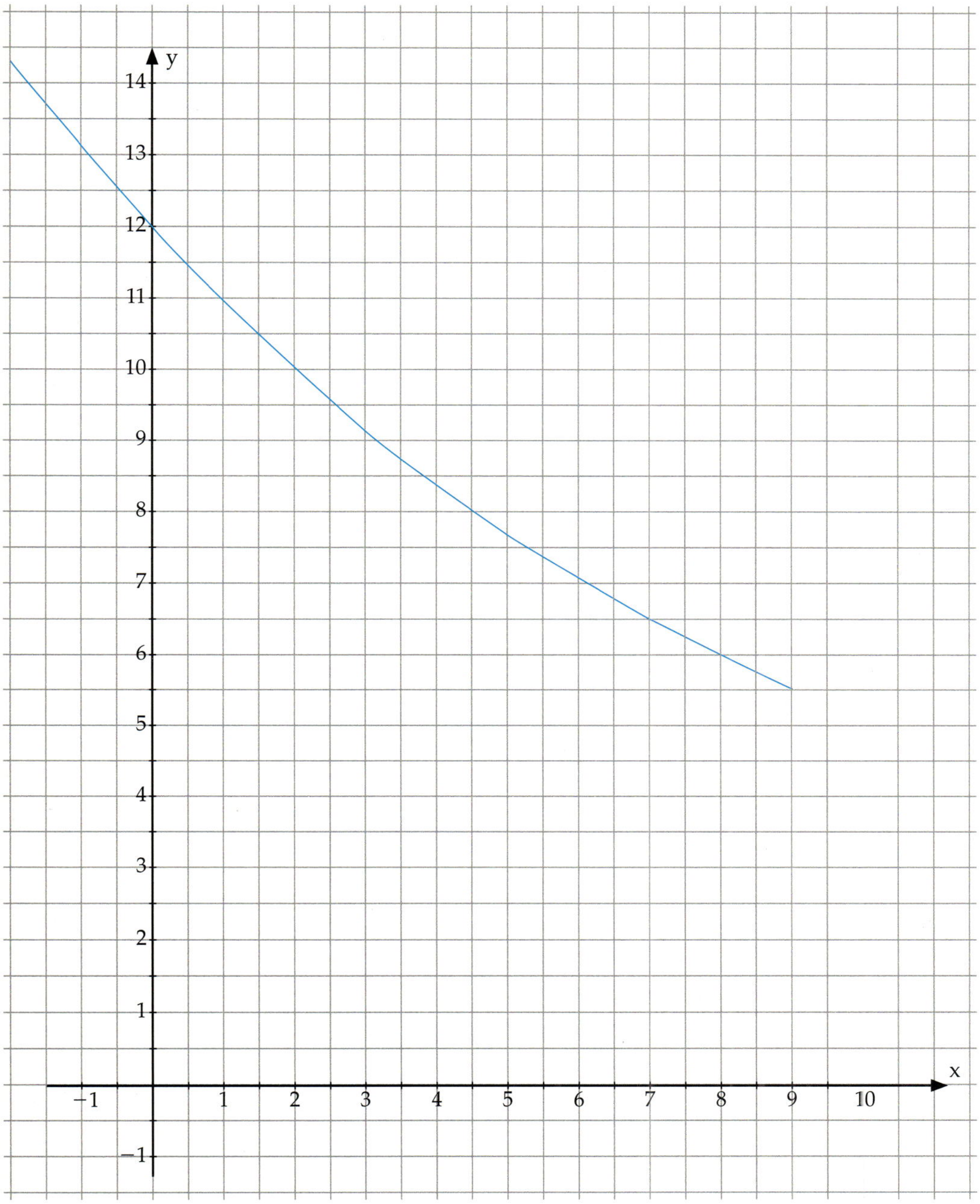

Seite 33, 1. b)

Kapital	1 %	2 %	7 %	10 %
100 €	≈ 70 Jahre	≈ 35 Jahre	≈ 10 Jahre	≈ 7 Jahre
200 €	≈ 70 Jahre	≈ 35 Jahre	≈ 10 Jahre	≈ 7 Jahre
500 €	≈ 70 Jahre	≈ 35 Jahre	≈ 10 Jahre	≈ 7 Jahre
1000 €	≈ 70 Jahre	≈ 35 Jahre	≈ 10 Jahre	≈ 7 Jahre

Seite 34, a)

1	Kapital	jährliche Zunahme
nach dem 1. Jahr	1575 €	75 €
nach dem 2. Jahr	1650 €	75 €
nach dem 3. Jahr	1725 €	75 €
nach dem 4. Jahr	1800 €	75 €
nach dem 5. Jahr	1875 €	75 €

2	Kapital	jährliche Zunahme
nach dem 1. Jahr	1567,5 €	67,50 €
nach dem 2. Jahr	1638,04 €	138,04 €
nach dem 3. Jahr	1711,75 €	211,75 €
nach dem 4. Jahr	1788,78 €	288,78 €
nach dem 5. Jahr	1869,27 €	369,27 €

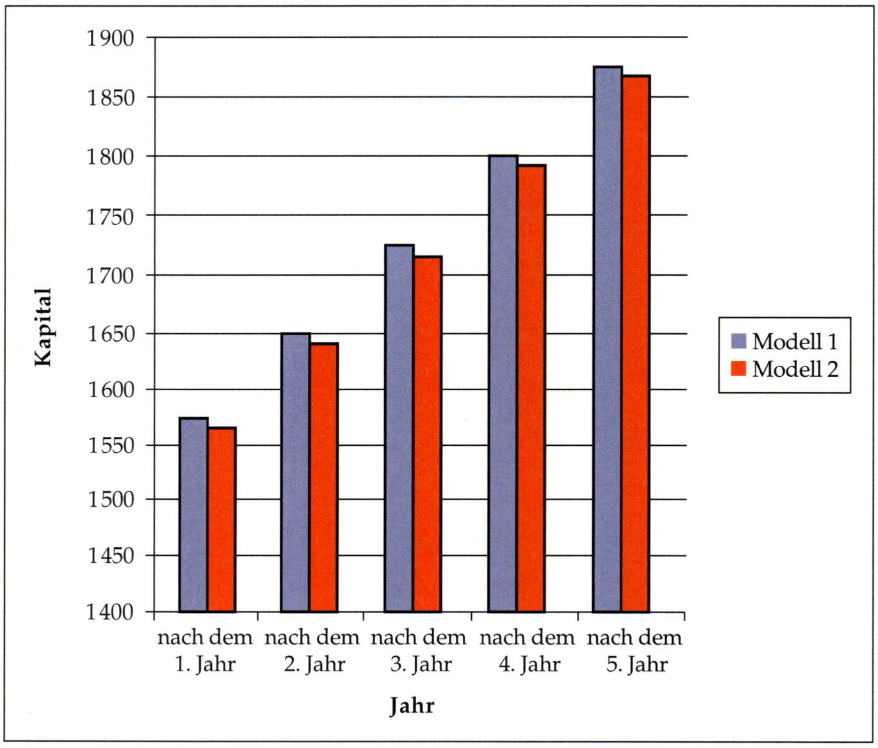

Seite 36, 7.

Kapital zu Beginn	p %	q	n	K_n
100 €	4,25	1,0425	5	123,14
2500 €	12	1,12	3	3512,3240
1800 €	3,75	1,0375	7	2329,11
1 €	2,5	1,025	500	230108,52
10000 €	5,25	1,0525	5	12915,48
30000 €	4,5	1,045	35	140020,43
500 €	3,25	1,0325	15	807,83

Seite 39, 3. a)

x =	3	1,3	−0,5	0	2
10^x =	1000	20	nicht möglich	1	100

x =	1	5,5	3,39	6	−0,3
10^x =	10	316227,77	2500	1000000	0,5